婴幼儿
感觉统合训练

黄 蓉 李 勇 杨 枭 主编

中国言实出版社

图书在版编目（CIP）数据

婴幼儿感觉统合训练 / 黄蓉， 李勇， 杨枭主编 . 北京 ： 中国言实出版社， 2025. 2. -- ISBN 978-7-5171-4862-3

Ⅰ . B844.12

中国国家版本馆 CIP 数据核字第 2025EA8487 号

婴幼儿感觉统合训练

责任编辑：史会美
责任校对：王君宁

出版发行：中国言实出版社

地　址：北京市朝阳区北苑路 180 号加利大厦 5 号楼 105 室
邮　编：100101
编辑部：北京市海淀区花园北路 35 号院 9 号楼 302 室
邮　编：100083
电　话：010-64924853（总编室）　010-64924716（发行部）
网　址：www.zgyscbs.cn　电子邮箱：zgyscbs@263.net

经　销：新华书店
印　刷：三河市祥达印刷包装有限公司
版　次：2025 年 2 月第 1 版　2025 年 2 月第 1 次印刷
规　格：787 毫米 × 1092 毫米　1/16　10.25 印张
字　数：211 千字

定　价：49.80 元
书　号：ISBN 978-7-5171-4862-3

前言

PREFACE

感觉统合能力对婴幼儿的行为、情绪、学习能力和社交能力的发展具有重要影响，因此，托育、教育与保育相关专业学生应具备针对婴幼儿开展感觉统合训练的能力。

为了满足学生的实际需要，本书从感觉统合训练的基础知识、感觉统合基础训练、感觉统合综合训练、特殊婴幼儿的感觉统合训练4个方面展开，精讲感觉统合训练的理论知识，介绍大量的感觉统合训练活动示例，为学生未来从事相关工作提供实践指导。

总体而言，本书具有以下几个方面的特色。

素质教育，春风化雨

党的二十大报告指出："育人的根本在于立德。"本书贯彻落实党的二十大精神，积极践行"素质教育，立德树人"的理念，以培养学生正确的世界观、人生观、价值观为目标，将职业道德、职业素养等素质教育元素有机融入教材中，实现知识传授、能力培养和价值引领的有机统一，全面提高学生的综合素质，让学生成为德才兼备、全面发展的人才。

校企合作，职业引领

本书是在一线双师型教师和托育机构专职人员的指导与支持下进行编写的，其体例设计充分考虑了教学大纲要求与岗位需求，内容紧密围绕岗位需求"量身定做"，着重提升教材的职业属性，强调内容的实用性和针对性，从而真正让学生做到学以致用。

精讲理论，注重实践

婴幼儿感觉统合训练涉及医学、婴幼儿心理学、特殊教育学等方面的知识。基于此，本书引入"应用场景"，在"新手指导"部分有针对性地对相关的理论知识进行梳理、精炼、优化，在内容选取和编排上既满足学生的实际需要，又便于学生快速学习。

本书注重培养学生的专业能力和实践能力，系统地介绍了感觉统合训练的重点内容，如感觉统合测评的方法、感觉统合训练方案的设计、各类感统训练器材的使用方法等。同时，本书添加大量生动、有趣的导入案例，使学生轻松地掌握训练方法，切实地提升专业能力。

体例丰富，易学易用

本书在深入浅出地讲解理论知识的同时，穿插了“知识视窗”“问题聚焦”“课堂互动”“温馨贴士”等版块，并在每篇最后设置了“学以致用”“躬行实践”“学习成果评价”，既便于学生学习和实践，又便于教师对学生的学习成果做出评价。

- ☞ 知识视窗：拓展与正文相关的知识，丰富学生的课堂体验，拓宽学生的视野。
- ☞ 问题聚焦：关注婴幼儿在生活中或感觉统合训练中常出现的现象或问题，引导学生利用所学知识解释这些现象或解决相关问题。
- ☞ 课堂互动：设置与正文知识相关的思考题，加强课堂互动，提高学生的思维能力、表达能力和交流能力。
- ☞ 温馨贴士：对正文中提到的专业名词进行补充说明。
- ☞ 学以致用：设置不定项选择题、判断题、案例分析题，方便学生查漏补缺，及时巩固所学知识。
- ☞ 躬行实践：设计与本篇内容密切相关的实践活动，并提供过程指导，使学生能够结合实际情况开展实践，加深其对理论知识的理解，提升其专业能力和职业素养。
- ☞ 学习成果评价：从知识、能力、素养、实践 4 个维度对学生的学习成果进行全面评价，便于教师了解学生的学习情况。

数字资源，丰富多彩

本书配有丰富的数字资源，将教材、在线课堂和教学资源进行融合，构建了线上、线下相结合的教学模式。学生可借助智能手机或其他移动设备扫描二维码获取相关内容，教师可登录文旌综合教育平台“文旌课堂”查看和下载本书配套资源，如答案、优质课件、教案、课程标准等。

此外，本书还提供了在线题库，支持“教学作业，一键发布”。教师只需要登录“文旌课堂”APP，即可迅速选题、一键发布作业、智能批改作业，以及查看学生的作业分析报告，提高教学效率，提升教学体验。学生可在线完成作业，巩固所学知识，提高学习效率。

本书由李玉侠担任主审，黄蓉、李勇、杨枭担任主编，苗雨青、刘茹、乐燕凌、蒋宜睿、包佳灵、姜宜汝担任副主编。由于编者水平有限，书中存在的疏漏和不当之处，敬请广大读者批评指正。

特别说明：

（1）本书在编写过程中，参考了大量的资料。这些引用的资料大部分已获授权，但由于部分资料来自网络，我们未能确认出处，也暂时无法联系到原作者。对此，我们深表歉意，并欢迎原作者随时与我们联系，我们将按规定支付酬劳。

（2）本书所选案例，均为编者根据真实事件自编。

（3）本书部分图片和全部感觉统合训练视频，由浙江省舟山市定海区檀枫幼儿园教师实地拍摄。

目录

CONTENTS

第一篇 感觉统合训练的基础知识

本篇导读

感觉统合是指大脑加工处理感觉信息并指挥身体做出适当反应的过程，对于个体的日常生活、学习和工作至关重要。婴幼儿时期是人的一生中发展变化最大的时期，在这一时期开展感觉统合训练不仅可以促进婴幼儿感觉统合能力的发展，还可以预防和纠正感觉统合失调带来的各种问题。本篇从感觉统合的相关概念、感觉统合测评、感觉统合训练的设计与指导3个方面展开，介绍感觉统合训练的基础知识。

学习目标

知识目标

- 了解感觉统合的相关概念。
- 了解感觉统合测评的工具及方法。
- 掌握感觉统合训练的设计原则与指导要点。

技能目标

- 能够协助养育者完成婴幼儿感觉统合测评。
- 能够根据婴幼儿感觉统合测评结果，设计合适的训练方案，并指导婴幼儿进行感觉统合训练。

素养目标

- 尊重婴幼儿感觉统合发展规律，以高度的责任感投入婴幼儿教育工作中。
- 培养沟通能力，能够与养育者进行有效沟通。

模块一　感觉统合的相关概念

应用场景

小宝是个2岁的小男孩，在家里比较乖巧，而且学东西很快，跟大人沟通也很顺畅。但是，自从他上了托班之后，问题就出来了。

（1）小宝不愿意和其他小朋友一起玩耍。

（2）上课时，小宝不能认真听讲，也不看老师，在座位上做各种小动作。

（3）小宝做操不听指令，也不模仿老师的动作，到处乱跑。

（4）小宝只做自己感兴趣的事情。

托班的高老师在小宝爷爷接他回家时说："小宝现在还不太适应托班的生活，从他的表现来看，他可能存在感觉统合失调的情况。周末咱们社区有一场关于感觉统合的知识讲座，你们有时间可以去听一听。"

思考：什么是感觉统合失调？为什么小宝会出现这些问题？小宝是不是得了多动症或孤独症？

新手指导

一、感觉统合

（一）感觉统合的概念

感觉统合，简称"感统"，是指个体在环境中利用自己的感官（感受外界事物刺激的器官）接收不同的感觉（如视觉、听觉、嗅觉、味觉、触觉、前庭觉、本体觉等）信息，并将感觉信息传递至大脑，大脑在加工处理这些感觉信息后，指挥身体做出适当反应的过程。在这个过程中，个体有效地接收、解释、组织和响应不同感觉信息的能力，即为感觉统合能力。感觉统合的运作机制如图1-1所示。

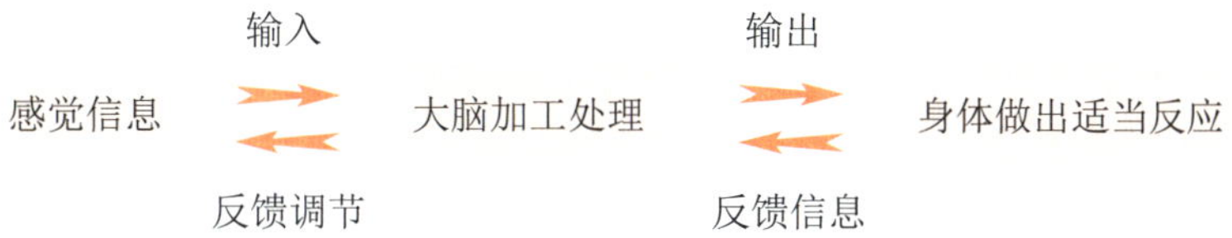

图 1-1 感觉统合的运作机制

感觉统合就像是交通警察或信号灯，它能使各种感觉信息有条不紊地在“公路”上飞驰。没有感觉统合，相当于没有交通秩序维护者，“事故”就会不断发生。

知识视窗

七大感觉

（1）视觉。视觉是指光线刺激作用于视觉器官而产生的感觉。通过视觉，个体能够感知外界物体的大小、明暗、颜色等，获得对生存具有重要意义的各种信息。

（2）听觉。听觉是指声音刺激作用于听觉器官而产生的感觉。通过听觉，个体能够获取周围环境中的声音信息，包括声音的方向、距离和强度等，进而做出适当的回应。

（3）嗅觉。嗅觉是指某些物质的气体分子作用于嗅觉感受器而产生的感觉。通过嗅觉，个体能够识别食物是否新鲜、是否可食用，从而避免摄入有害物质。此外，嗅觉还与个体的情绪、记忆和社交活动密切相关。

（4）味觉。味觉是指食物刺激口腔内的味觉器官而产生的感觉。味觉在很大程度上决定着个体对食物的选择，使其能够根据自身需要及时补充有利于生存的营养物质。

（5）触觉。触觉是指分布于全身皮肤上的神经细胞接受来自外界的温度、湿度、疼痛、压力、振动等刺激而产生的感觉。触觉是个体发展最早、最基本的感觉，触觉器官是个体分布最广、最复杂的感官。

（6）前庭觉。前庭觉，又称“平衡觉”，是指因身体所处位置的变化而产生的感觉。通过前庭觉，个体能够平稳地行走、跑动、跳跃，以及进行各种复杂的活动。如果前庭觉失调，个体可能会出现平衡障碍、眩晕、恶心、眼球震颤等症状。

（7）本体觉。本体觉是指肌肉、肌腱、关节等组织对身体的空间位置、姿势、运动状态等产生的感觉，因位置较深，又称“深感觉”。简单来说，本体觉就是自我身体操控的知觉，包括位置觉、运动觉和振动觉等。

（二）感觉统合的发展阶段

感觉统合的发展是一个持续的过程，从胎儿期开始一直持续到生命结束。在这个过程中，个体需要不断地与外界进行互动和学习，以促进感觉统合能力的不断发展和完善。

总的来说，感觉统合可以分为以下几个发展阶段。

1. 初级感觉统合阶段

0～2 岁是初级感觉统合阶段。这一阶段是大脑发育的关键时期，脑细胞迅速生长，神经元之间的连接加强。随着生理机能逐渐完善，感觉系统开始与外界进行互动，个体逐渐形成对世界的认知。

2. 中级感觉统合阶段

3～5 岁是中级感觉统合阶段。这一阶段，眼睛、耳朵、皮肤等感官传递的信息更加丰富，中枢神经系统具备协调、整合各种感觉信息的能力，个体生理机能逐渐成熟。这些都极大地促进了感觉统合能力的发展，进而使个体的注意力、记忆力增强，语言能力大幅提升，运动更加协调，情绪更加稳定。因此，这一阶段也是个体的智力、语言、个性形成和发展的关键时期。

3. 高级感觉统合阶段

6 岁以上是高级感觉统合阶段。这一阶段，个体的生理机能进一步提高，感官和中枢神经系统结构趋于成熟。个体需要继续通过学习和训练来巩固和提高感觉统合能力，以适应复杂的社会环境和日常生活需求。

知识视窗

0～3 岁婴幼儿感觉统合的发展规律

0～3 岁婴幼儿感觉统合的发展规律如表 1-1 所示。

表 1-1　0～3 岁婴幼儿感觉统合的发展规律

年（月）龄	感觉统合的发展规律
0～4 月龄	（1）感觉发展成熟，尤其是前庭觉 （2）触觉、本体觉借由感觉建立关系 （3）眼睛和颈部的发展帮助婴儿进一步发展其他能力
5～6 月龄	（1）视觉追踪稳定 （2）前庭觉发展促使头部直立 （3）视觉、前庭觉、本体觉整合 （4）视觉、触觉、本体觉整合，如婴儿开始抓东西吃 （5）6 个月时主动动作开始发展，脱离原始反射影响
7～12 月龄	（1）开始有移动能力 （2）视觉、触觉、前庭觉、本体觉整合更加优良，如婴儿可以抓握细小物品 （3）开始发出声音，学习说话 （4）开始使用工具，如婴儿可以开始自主进食

续表

年（月）龄	感觉统合的发展规律
1～3 岁	（1）走路进步，动态平衡控制进步 （2）触觉分辨能力、精细动作控制逐渐进步 （3）运动企划能力更趋完善，开始思考怎么玩、怎么操作 （4）喜欢模仿，以获得新的感觉经验 （5）自我概念发展更好，对环境更有影响力

（三）感觉统合的功能

感觉统合是一个复杂而系统的过程，是智力活动和人体各机能活动的前提。一般来说，感觉统合的功能主要表现在以下几个方面。

1. 综合信息

世间万物常常以整体的形式呈现，而人的各种感觉是由各个感官局部、独立、分散地完成。感觉统合的功能便是把各种感觉信息综合起来，形成统一、完整的整体认识。

例如，人对苹果的认识（颜色、气味、口感等），是通过眼睛、鼻子、嘴巴等各种感官共同完成的，这就是感觉统合综合各种感觉信息的过程。

2. 组织协调

各种不同的感官将不同的感觉信息传递到大脑中。大脑的首要任务就是组织和处理这些信息，然后指挥人的身体顺利做出适当的反应。这个过程也是感觉统合组织协调功能的最终体现。如果大脑不能完成或者只能完成部分组织协调工作，人的思维和动作也不会完整。

例如，人在高温环境中，皮肤会最先感觉到高温并将信息传递到大脑中。大脑指挥眼睛观察周围环境，看是否有可以降温的东西。如果环境中没有可以降温的东西，大脑就会指挥身体离开高温环境。如果皮肤感觉不到高温，大脑就无从获取高温信息，进而无法发出适当的指令；如果皮肤能够感觉到高温，但大脑组织协调功能异常，则无法指挥身体离开高温环境，也会给身体带来伤害。

3. 检索分析

人在社会环境中会接收到各种各样的感觉信息，但大脑并非对每一种感觉信息都指挥身体做出反应，而是通过分析把最重要的那部分信息检索出来，再指挥身体做出准确、及时的反应。

例如，眼睛看见水果盘中的香蕉、樱桃、苹果、梨时，会迅速将信息传递到大脑。大脑先根据记忆，把平时最喜欢吃的、从没吃过的或者很少吃的水果逐一分类，然后选择一种水果用手将其送入口中，而不是一下子将所有水果都塞入口中。

4. 保健调节

感觉统合功能良好的人，能很好地适应内外环境，产生开心、满足等有利于身心健康的情绪，进而调节机体的各项功能，促进人体的健康发展。

例如，感觉统合功能良好的人在感受到外界温度变化后，会通过排汗的方式散热，或者通过打寒战的方式产热，以应对环境变化。又如，人有时会产生嫉妒、愤怒、紧张、害怕等情绪，感觉统合功能良好的人一般在经过一次或两次这样的情绪后，就能迅速从过去的记忆中找出应对方法，从而调整好自己的心态。

二、感觉统合失调

（一）感觉统合失调的概念

感觉统合失调是指在人的成长过程中，各种感觉信息无法被中枢神经系统有效整合，身体活动不协调，形成多种形式的障碍。感觉统合失调在不同程度上削弱了人的认知与适应能力，造成了诸多学习障碍，推迟了人的社会化进程。

（二）感觉统合失调的原因

感觉统合失调的发生有多方面的原因，主要包括先天性原因和后天性原因。

1. 先天性原因

（1）遗传因素。家族中有人曾患精神疾病，遗传因素导致个体在感觉统合方面存在先天不足。

（2）孕期因素。母亲在怀孕期间的不良生活习惯（如吸烟、饮酒等）、用药不慎或受到外界的不良刺激（如辐射、感染等），可能对胎儿的感觉统合发展产生负面影响。此外，母亲在孕期严重孕吐、偏食，情绪波动大，有先兆流产症状等，都可能导致胎儿发育迟缓，轻度大脑功能失常，进而影响其感觉统合发展。

（3）胎位不正。胎位不正可能导致胎儿在母体内不能形成重力感，进而影响其感觉统合发展。

（4）早产或剖宫产。胎儿在母体内的发育时间不足或剖宫产对其带来的影响，可能导致胎儿的感官发育不完善，从而影响其感觉统合发展。

2. 后天性原因

（1）环境因素。现代社会的生活方式和环境可能限制了个体的活动范围，减少了其接触自然的机会，导致其感觉刺激不足或过于单一，从而影响其感觉统合发展。

（2）教育方式。养育者在早期教育中过度保护或限制个体的活动和探索行为，可能导致其无法接受足够的感觉刺激，进而影响其感觉统合发展。养育者抑制个体的情绪表达（如大哭或大笑），也会影响其感觉统合发展。

（3）心理压力。个体在成长过程中面临的各种心理压力（如家庭矛盾等），可能导致其情绪紧张和焦虑，从而影响其感觉统合发展。

（4）疾病和损伤。某些疾病（如孤独症、多动症等）或脑部损伤（如脑震荡、脑缺氧等）可能直接影响大脑的感觉统合功能。

（三）感觉统合失调的常见表现

1. 情绪和行为异常

感觉统合失调可能使个体表现出心烦意乱、坐立不安、人际交往关系差、脾气暴躁，以及容易有攻击行为或者自残的行为。

2. 运动不协调

感觉统合失调的人大多表现为动作不灵活，在学习运用工具方面特别困难，跳跃能力也较差，不敢荡秋千、走平衡木。有些感觉统合失调的人动作还算灵活，但反应迟钝，表现为对高度不感到恐惧，转圈跑不累、不晕。

3. 语言发展迟缓

感觉统合失调可能使个体语言发展达不到实际年龄相应的语言水平，表现为个体语言表达能力、理解能力落后于同龄人的正常水平。

4. 学习能力较差

感觉统合失调会影响个体注意力、记忆力、想象力、观察力的发展，从而使其在学习时出现困难。例如，视觉统合失调的人观察力较差，他们在识别物体的颜色、形状，区分物体的左右等方面存在困难，导致其观察效果不佳，学习能力不足。

课堂互动

除上述表现外，感觉统合失调的人还有哪些常见表现？

三、感觉统合对婴幼儿的影响

感觉统合对婴幼儿的影响是全方位的，在婴幼儿的认知发展、情感与社交、运动与协调、注意力与自我控制、语言发展、情绪调节及日常生活技能等方面都具有重要意义。

（一）认知发展

婴幼儿通过感觉统合来感知和理解周围的环境。良好的感觉统合能力有助于婴幼儿对各种感觉信息进行有效的处理和整合，促进他们认知能力的发展，进而帮助他们形成对世界的初步认识。

（二）情感与社交

婴幼儿通过感觉统合来体验和理解情感，如触摸、拥抱等触觉刺激可以带来安慰和满足。此外，婴幼儿需要依赖感觉统合来理解和回应他人的行为，这对于他们社交能力的发展十分重要。

（三）运动与协调

感觉统合对于婴幼儿的运动与协调能力的发展至关重要。通过整合来自不同感官的感觉信息，婴幼儿能够更好地控制自己的身体，学习各种运动技能。良好的感觉统合能力可以帮助婴幼儿保持身体平衡，避免跌倒等意外事件的发生。

（四）注意力与自我控制

感觉统合对婴幼儿的注意力与自我控制能力有直接影响。感觉统合功能良好的婴幼儿注意力更加集中，能够控制自己的行为和情绪，以达成预定目标。

（五）语言发展

婴幼儿通过感觉统合来感知和理解语言与非语言信息，如果感觉统合失调，可能导致其发音不清、语言表达不流畅、理解能力差等，阻碍其语言发展。

（六）情绪调节

感觉统合对于婴幼儿的情绪调节能力有重要影响。感觉统合功能良好的婴幼儿能够更好地理解和表达自己的情绪，并通过适当的方式调节情绪；感觉统合失调的婴幼儿可能会出现情绪不稳定、易怒等问题。

（七）日常生活技能

婴幼儿在日常生活中需要依赖感觉统合来完成各种任务，如穿衣、洗漱、进食等。良好的感觉统合能力可以帮助婴幼儿更好地适应日常生活环境，提高其生活自理能力。

模块二 感觉统合测评

应用场景

祥和社区开展了婴幼儿保育专家讲座，并邀请托育机构的高老师为大家答疑解惑。在讲座开始前，到场的婴幼儿家长提出了许多问题。

（1）孩子做事情注意力不集中，小动作很多。

（2）孩子动作笨拙，做事情没有耐心，爱拖延。

（3）孩子性情孤僻，和其他小朋友关系不好，害怕见陌生人。

高老师一一解答家长提出的问题后，让家长填写了感觉统合测评量表，帮助家长判断自家孩子是否存在感觉统合失调的现象。

思考：感觉统合测评量表是什么？应该怎样为婴幼儿做感觉统合测评？

新手指导

感觉统合测评是指通过感觉统合测评量表等工具，对婴幼儿的前庭觉功能、触觉功能、本体觉功能、学习能力等方面进行测量与评估，从而判断婴幼儿是否存在感觉统合失调情况的过程。

一、感觉统合测评的工具

感觉统合测评量表是测评婴幼儿感觉统合能力发展的重要工具。常用的感觉统合测评量表有很多种（如郑信雄等人编制的儿童感觉统合能力发展评定量表）。虽然各种测评量表有所不同，但大部分测评量表都包含前庭失衡、触觉防御、本体觉失调和学习能力不足几个方面。

本书以实践中常用的婴幼儿感觉统合能力发展评定表为例，介绍感觉统合测评量表的内容，以及如何进行结果评定。

婴幼儿感觉统合能力发展评定表

编　　号：__________

婴幼儿姓名：__________　性别：__________　出生日期：__________

养育者姓名：__________　电话：__________　地　　址：__________

感觉统合能力发展与学习、情绪关系密切。要想提升婴幼儿的学习能力，使其保持良好的情绪，养育者必须了解婴幼儿的感觉统合能力发展水平。为此，我们设计了下面的问卷，请您根据平时对婴幼儿的观察认真填写。

（一）前庭失衡

1. 特别爱玩旋转圆凳、旋转地球仪或旋转飞椅等，不觉得晕。

□没有　□很少　□偶尔　□经常　□总是

2. 喜欢旋转或绕圈跑，不觉得晕或累。

□没有　□很少　□偶尔　□经常　□总是

3. 在可以看见的情况下，屡次碰撞桌椅、杯子或人。

□没有　□很少　□偶尔　□经常　□总是

4. 在吃饭或做游戏时，双手或双脚不协调，经常忘记另一边动作。

□没有　□很少　□偶尔　□经常　□总是

5. 大运动笨拙，容易跌倒，且跌倒时不会用手支撑保护自己，被拉起来时显得笨重。

□没有　□很少　□偶尔　□经常　□总是

6. 在地板、床上俯卧时，无法把头、颈、胸、手、脚抬高离地（呈飞机状）。

□没有　□很少　□偶尔　□经常　□总是

7. 喜欢爬上爬下，跑进跑出，不听劝阻。

□没有　□很少　□偶尔　□经常　□总是

8. 不安地乱动、乱摸，不听劝阻，处罚无效。

□没有　□很少　□偶尔　□经常　□总是

9. 调皮捣蛋，喜欢恶作剧。

□没有　□很少　□偶尔　□经常　□总是

10. 经常自言自语、重复别人的话，且喜欢背诵广告语。

□没有　□很少　□偶尔　□经常　□总是

11. 表面上是左撇子，其实左右手都用，或尚未固定偏好使用哪一只手。

□没有 □很少 □偶尔 □经常 □总是

12. 分不清方向，鞋子、衣服常常穿反。

□没有 □很少 □偶尔 □经常 □总是

13. 不敢乘坐陌生地方的电梯。

□没有 □很少 □偶尔 □经常 □总是

14. 组织力不佳，经常弄乱东西。

□没有 □很少 □偶尔 □经常 □总是

（二）触觉防御

15. 脾气不好，对亲人特别暴躁，常常无故或为琐事发脾气，遇事会强词夺理。

□没有 □很少 □偶尔 □经常 □总是

16. 害怕到新的场合或人多的地方，刚到不久就要求离开或自己跑掉。

□没有 □很少 □偶尔 □经常 □总是

17. 挑食、偏食，不吃青菜或只喜欢吃某几种食物。

□没有 □很少 □偶尔 □经常 □总是

18. 害羞、不安，喜欢独处，不爱和别人玩。

□没有 □很少 □偶尔 □经常 □总是

19. 容易依恋妈妈或固定的某人，喜欢被搂抱。

□没有 □很少 □偶尔 □经常 □总是

20. 看电视、电影很容易激动，又叫又跳。

□没有 □很少 □偶尔 □经常 □总是

21. 严重怕黑，晚上拒绝出去，到暗处要有人陪。

□没有 □很少 □偶尔 □经常 □总是

22. 早上赖床、晚上睡不着，时常拒绝上学，放学后又不想回家。

□没有 □很少 □偶尔 □经常 □总是

23. 生小病后便不想上学，或没有原因就拒绝上学。

□没有 □很少 □偶尔 □经常 □总是

24. 常吮舔手指或咬指甲，不喜欢别人帮忙剪指甲。

□没有 □很少 □偶尔 □经常 □总是

25. 换床、枕头或被子会睡不着或睡不好。

□没有 □很少 □偶尔 □经常 □总是

26. 独占欲强，反感别人碰他的东西，会因此发脾气。

□没有 □很少 □偶尔 □经常 □总是

27. 不喜欢和别人聊天、玩游戏，也不喜欢别人帮他洗脸、洗头或洗澡。

□没有 □很少 □偶尔 □经常 □总是

28. 在游戏时，总是担心别人从身后逼近。

□没有 □很少 □偶尔 □经常 □总是

29. 怕玩沙土，有洁癖倾向。

□没有 □很少 □偶尔 □经常 □总是

30. 不喜欢和别人目光交流，常用手来表达需求。

□没有 □很少 □偶尔 □经常 □总是

31. 对危险或疼痛，反应迟钝或过于激烈。

□没有 □很少 □偶尔 □经常 □总是

32. 听而不闻，过分安静，表情冷漠又无故嬉笑。

□没有 □很少 □偶尔 □经常 □总是

33. 坚持某些奇怪的玩法。

□没有 □很少 □偶尔 □经常 □总是

34. 喜欢咬人，常咬固定的伙伴，并且会无故破坏东西。

□没有 □很少 □偶尔 □经常 □总是

35. 内向、软弱、爱哭，常会触摸生殖器官。

□没有 □很少 □偶尔 □经常 □总是

（三）本体觉失调

36. 穿脱衣服、袜子，扣纽扣，系鞋带等动作，做不来或非常慢。

□没有 □很少 □偶尔 □经常 □总是

37. 顽固、偏执、不合群、孤僻。

□没有 □很少 □偶尔 □经常 □总是

38. 吃饭时常掉饭粒，控制不住口水。

□没有 □很少 □偶尔 □经常 □总是

39. 吐字不清晰，发音不好，语言能力发展缓慢。

□没有 □很少 □偶尔 □经常 □总是

40. 懒散，做事非常没有效率。

□没有 □很少 □偶尔 □经常 □总是

41. 不喜欢翻跟头、打滚。
□没有 □很少 □偶尔 □经常 □总是

42. 3 岁左右仍不会自己洗手、擦脸、擦屁股。
□没有 □很少 □偶尔 □经常 □总是

43. 3 岁左右仍无法使用筷子、剪刀，不会拿笔，不会攀爬或荡秋千。
□没有 □很少 □偶尔 □经常 □总是

44. 对小伤特别敏感，过度依赖他人照料。
□没有 □很少 □偶尔 □经常 □总是

45. 不爱排队，不善于玩积木、拼图、投球。
□没有 □很少 □偶尔 □经常 □总是

46. 怕爬高，拒绝走平衡木。
□没有 □很少 □偶尔 □经常 □总是

47. 到陌生环境很容易迷失方向。
□没有 □很少 □偶尔 □经常 □总是

（四）学习能力不足

48. 看起来智力正常，但阅读或算数特别难。
□没有 □很少 □偶尔 □经常 □总是

49. 阅读常跳字、跳行，写字笔画经常颠倒。
□没有 □很少 □偶尔 □经常 □总是

50. 不专心、坐不住，上课经常左顾右盼。
□没有 □很少 □偶尔 □经常 □总是

51. 涂色和写字非常慢且常超出边缘或格子。
□没有 □很少 □偶尔 □经常 □总是

52. 看书容易眼酸，特别害怕数学。
□没有 □很少 □偶尔 □经常 □总是

53. 认字能力虽好，但不知其意义，且无法组成较长的语句。
□没有 □很少 □偶尔 □经常 □总是

54. 不易辨认出复杂背景中的特殊图形。
□没有 □很少 □偶尔 □经常 □总是

55. 无法有效完成教师的要求，易产生挫折感。
□没有 □很少 □偶尔 □经常 □总是

二、感觉统合测评量表的填写要点

（一）填表前的注意事项

在填写感觉统合测评量表之前，养育者应如实登记婴幼儿的基本情况，包括母亲孕期与分娩情况，婴幼儿的生长发育史、生长健康史、生长环境及婴幼儿与养育者之间的情况，以便指导者对婴幼儿有一个全面的了解，从而得到更加准确、可靠的测评结果，提出更有针对性的建议。婴幼儿的基本情况表如下所示。

婴幼儿的基本情况表

婴幼儿姓名：__________ 性别：__________ 出生日期：__________

养育者姓名：__________ 年龄：__________ 填表日期：__________

与婴幼儿的关系：______ 电话：__________ 地　址：__________

（一）母亲孕期与分娩情况

服用药物：□有　□无　　被动吸烟：□有　□无

营养状况：□良好　□一般　□较差　　分娩时间：□早产　□足月　□晚产

分娩方式：□顺产　□剖宫产术　□产钳术　□胎头吸引术

胎儿出现窒息：□有　□无　　胎位：□头位　□臀位　□横位

新生儿体重：______kg

新生儿父母年龄：父______岁　　母______岁

（二）婴幼儿生长发育史

喂养方式：□母乳喂养　□人工喂养　□混合喂养

____个月断奶　____个月会抬头　____个月会翻身　____个月会坐

____个月会爬　____个月会走　____个月会喊妈妈　____个月会说话

（三）婴幼儿生长健康史

健康状况：□良好　□一般　□较差　　惊厥史：□有　□无

脑外伤：□有　□无　　其他疾病史：__________

（四）婴幼儿生长环境

养育者：□父母　□（外）祖父母　□其他

养育者文化程度：□硕士及以上　□本科　□大专　□其他

养育方法：□宽松　□普通　□严格　□放任　□不确定

生活空间：□大　□中　□小　　被动吸烟：□有　□无

（五）婴幼儿与养育者之间的情况

沟通时间：□长 □短 □没有

关系密切程度：□很密切 □密切 □一般 □不密切

（二）填表时的注意事项

由于婴幼儿年龄小，无法亲自填写测评量表，需要养育者代为完成。指导者必须和养育者沟通好，消除他们的顾虑，争取他们的理解与配合。在填表时，填表人需要注意以下几点。

（1）客观填写，尊重事实。为了保证填写客观，填表人应该是了解婴幼儿基本情况的养育者。在填写过程中，如果遇到不确定的问题，填表人应在综合考虑专业人员（如医生）和其他家庭成员的意见后再填写。

（2）勾选相应选项的方框。测评量表中的各条目按程度不同（没有、很少、偶尔、经常、总是）分别计分（5 分、4 分、3 分、2 分、1 分）。填表人应认真填写，避免误解或误答。

（3）如果无法做出选择，如没有察觉婴幼儿出现该题所指的行为或婴幼儿尚未达到该题所指的年龄，就不要勾选该题，并在该题上做标记。

三、感觉统合测评的结果评定

婴幼儿的养育者在根据实际情况完成打分后，需要参考下表（见表 1-2），将原始分换算成标准分。

表 1-2 原始分与标准分的换算

标准分	原始分			
	前庭失衡	触觉防御	本体觉失调	学习能力不足
10	31	50	26	13
20	38	60	33	18
30	44	70	39	23
40	51	80	46	29
50	58	90	52	33

感觉统合测评从婴幼儿的前庭觉、触觉、本体觉、学习能力 4 个方面评定，每个方面单独计分，既可以反映婴幼儿感觉统合的单项发展状况，也可以反映整体发展状况。

一般来说，标准分小于或等于 40 分的婴幼儿存在感觉统合失调现象。标准分为 30～40 分的婴幼儿为轻度感觉统合失调；标准分为 20～30 分的婴幼儿为中度感觉统合失调；标准分为 20 分以下的婴幼儿为重度感觉统合失调。

例如，2 岁的小宝前庭失衡项原始分为 40 分，换算成标准分为 20～30 分，说明小宝存在中度前庭觉统合失调的情况，需要做前庭觉相关的感觉统合训练。

感觉统合测评结果通常以表的形式呈现，具体如下所示。

婴幼儿感觉统合测评结果表

婴幼儿姓名：__________ 性别：__________ 出生日期：__________

养育者姓名：__________ 电话：__________ 地　址：__________

前庭觉评定：

触觉评定：

本体觉评定：

学习能力评定：

总体评定：

专家建议：

家庭练习：

模块三 感觉统合训练的设计与指导

应用场景

小宝的爷爷最近因为小宝在托班的表现不佳而发愁，正好他所在的祥和社区组织了一场婴幼儿保育专家讲座。他认真听了讲座，并和高老师交流了小宝的情况。在填写了“婴幼儿感觉统合能力发展评定表”后，爷爷得知小宝存在中度前庭觉统合失调的情况。

对此，爷爷非常着急，很怕这种情况会影响小宝将来的学习和发展。他想送小宝到专门的机构矫正，高老师却告诉他，家长在家中也可以设计感觉统合训练，并指导婴幼儿完成。

思考：感觉统合训练包含哪些内容？怎样设计感觉统合训练？怎样才能指导小宝完成训练？

新手指导

一、感觉统合训练

感觉统合训练是指运用专门的感统训练器材和方法，引导婴幼儿对感觉刺激做出适当反应以达到适应周围环境的一种训练。

（一）感觉统合训练的作用

感觉统合训练是一种综合能力的培养与训练，其作用主要体现在以下几个方面。

1. 提高感知能力

婴幼儿在感觉统合训练中会接收和处理大量感觉刺激，从而可以提高感知能力。例如，通过视觉训练，婴幼儿可以学会识别物体的形状、大小、颜色等。又如，通过前庭觉训练，婴幼儿可以增强平衡感和空间感等。

2. 提高协调能力

感觉统合训练中各种有针对性的活动，可以改善婴幼儿的协调能力。例如，感觉统合训练中的行走、攀爬、跳跃、滚动等体能活动，能够开发婴幼儿的本体觉，帮助婴幼儿逐步改善身体机能，同时提升其手眼协调能力和运动协调能力。

3. 提高学习能力

婴幼儿时期的学习能力很大程度上依赖于感觉统合。例如，婴幼儿在学习走路时，凭借对周围人走路姿势、动作的记忆与感觉统合训练，逐渐知道如何控制自己身体的各部分肌肉和关节。又如，婴幼儿在看到一种新玩具时，或许并没有人教他如何玩，但大部分婴幼儿仍可以凭借过去的感觉统合经验自己找出玩法。

4. 塑造良好性格

在感觉统合训练的过程中，婴幼儿通常需要和同龄人一起参与活动，这有助于培养其合作精神和社交技能。婴幼儿若是在训练项目中取得成功，则可以增加自信，情绪变得稳定，自我控制能力增强；即使失败，养育（指导）者和同伴的鼓励与支持也会使其更加勇敢、坚强和独立。

（二）感觉统合训练的内容

感觉统合训练通常有明确的目的，针对性很强。它通过有计划、有组织的科学训练，给婴幼儿的前庭觉、触觉、本体觉等带来丰富的感觉刺激，强化婴幼儿的语言发展能力、左右脑功能、人际交往能力等，从而全面提升其综合素质。

具体来说，在设计感觉统合训练时，设计（指导）者应该考虑以下内容（见表 1-3）。

表 1-3　感觉统合训练的具体内容

组成部分		具体内容
训练名称		训练的内容是什么
适合年龄段		适合哪个年龄段的婴幼儿
训练目标		通过训练，婴幼儿可以提高哪些方面的能力，以及获得哪些情感体验等
训练准备		训练所需要的物质准备，以及婴幼儿自身的经验准备
训练过程	开始部分	吸引婴幼儿的注意力，做好简单的热身，鼓励婴幼儿积极参与、勇于尝试
	基本部分	（整个训练的核心部分，一般包含以下 3 个环节） （1）指导者通过讲解和示范，让婴幼儿掌握动作要领和器材的操作方法 （2）婴幼儿开始动作练习，发展自己的感觉统合能力 （3）巩固婴幼儿的学习成果
	结束部分	引导婴幼儿放松身体和情绪，使其恢复平静状态；指导者可以在此时总结和评价
训练延伸		让婴幼儿延续训练活动，进一步促进其感觉统合能力的发展

知识视窗

感觉统合训练的误区

误区一：感觉统合会水到渠成

0～3 岁，特别是 6～12 月龄，正是婴幼儿学爬、学走的关键期，也是其建立感觉统合能力的最佳时期。如果这个阶段养育者可以给婴幼儿提供良好的环境和科学的指导，将会对婴幼儿各种能力的发展大有裨益。

误区二：出现问题才需要训练

0～3 岁婴幼儿不能运用抽象的概念来认识和理解周围的事物，必须以实际的感觉来认识和学习。感觉统合能力如果不能充分发展，会直接影响婴幼儿日后的学习能力。但是问题的出现总是滞后的，等到出现问题再矫正，就错过了训练的最佳时期。

误区三：限制婴幼儿的日常游戏活动

有些养育者认可感觉统合训练，但对婴幼儿的日常游戏和活动限制过多，如因为沙子、泥巴太脏而不让婴幼儿玩。其实，每一个游戏都有可取之处，婴幼儿无时无刻不在学习和积累经验。这些游戏体验都将为其学习能力发展打下良好的基础。

误区四：感觉统合训练交给老师就好了

亲子间的互动和交流是感觉统合能力发展的重要基础，有了父母的鼓励和赞扬，婴幼儿才会更积极地去训练。作为婴幼儿早期教育最重要的指导者，父母应该经常在家中与婴幼儿互动，并指导其完成感觉统合训练，而不是完全交给专业机构的老师。

误区五：忽略婴幼儿的个体差异

每个婴幼儿都是独立的个体，即使年龄相同，由于遗传、身体素质等方面的差异，他们也会形成不同的特质。因此，养育者切忌盲目地对婴幼儿进行统一化的训练。

二、感觉统合训练的设计

（一）感觉统合训练的设计原则

1. 主体性原则

婴幼儿是学习的主体，只有婴幼儿积极参与、主动配合，感觉统合训练才能达到理想的训练效果。在设计感觉统合训练时，设计（指导）者要尊重婴幼儿的人格和需求，想方设法地激发其主动性。当婴幼儿没有完全按照制订的方案进行训练时，指导者千万不能粗暴地指责或呵斥婴幼儿，而应该用积极、正面的话语鼓励他们，尊重他们对于感觉刺激的需求和选择，并在训练中给予适当的帮助。

2. 发展性原则

人体机能的成熟、功能的完善是一个阶段性、渐进式的发展过程。因此，婴幼儿感觉统合训练也要循序渐进，如训练难度由低到高，训练内容由单一领域的专项训练到多个领域的整合训练，等等。

需要注意的是，不同婴幼儿的生长发育状况差别较大，即使是同一个婴幼儿，在其自身发展的每个阶段也会有很大的差异性。因此，在设计感觉统合训练时，设计（指导）者既要遵循婴幼儿群体生长发育的基本规律，也要考虑个体差异，满足婴幼儿在不同年龄阶段的发展需要。

3. 兴趣性原则

兴趣是婴幼儿活动的重要影响因素。如果忽视婴幼儿的兴趣，任何活动都将会变得机械、枯燥、乏味，婴幼儿也必然会抵触、反感。因此，在设计感觉统合训练时，设计（指导）者要充分考虑婴幼儿的兴趣和需求，使活动变得有趣，吸引婴幼儿主动参与。

4. 游戏性原则

游戏是婴幼儿最爱的活动，也是婴幼儿学习的主要方式。在设计感觉统合训练时，设计（指导）者要充分尊重婴幼儿的天性，寓教于乐，避免机械的训练；要树立正确的游戏观念，将游戏与感觉统合训练相结合，使婴幼儿在轻松、快乐的氛围中发展与提升感觉统合能力。

问题聚焦

> 乐乐的妈妈为1岁的乐乐制订了感觉统合训练计划。刚开始，乐乐还会配合。但因为训练较为复杂，乐乐的表现总是不能让妈妈满意。重复数次后，乐乐开始敷衍了事甚至拒绝参与。为什么会这样？

（二）感觉统合训练的设计示例

示 例

鳄鱼来了（2.5～3 岁）

扫一扫

鳄鱼来了

训练目标

1．发展幼儿左右协调的动作能力。
2．培养幼儿身体的平衡性，使其走路更加平稳。
3．改善幼儿的肢体控制能力。

训练准备

指导者提前设置关卡，布置“鳄鱼池”等。

训练过程

1．开始部分。

指导者带领幼儿一起唱手指谣《5 只猴子荡秋千》。

2．基本部分。

（1）指导者扮演鳄鱼，幼儿扮演猴子。

（2）幼儿通过横走、跳、爬等动作闯关。在整个训练过程中，指导者可配合情境引导幼儿活动。例如，在幼儿走平衡桥时，指导者可以提示：“小心！‘鳄鱼’就在旁边！一定要保持平衡，不要掉‘池塘’里哦！”

（3）请幼儿分享活动感受。例如，指导者可以问幼儿：“在走平衡桥的时候，你是用什么方法保持平衡的？”

3．结束部分。

幼儿跟着音乐做放松的动作，并帮助指导者整理道具。

训练延伸

对于年龄较大的幼儿，指导者可以为其延长路线，或者为其设计更具挑战性的关卡。

勇敢的小兔（2～3 岁）

训练目标

1．为幼儿提供前庭觉、触觉、本体觉刺激。
2．增强幼儿的动作协调能力、身体平衡能力。

训练准备

指导者准备兔子头饰、大灰狼卡片、蘑菇卡片等道具，根据具体训练需要设置关卡。

训练过程

1．开始部分。

指导者带领幼儿跳《兔子舞》热身，并为幼儿讲述故事情境：“今天是兔子妈妈的生日，小兔子们，我们一起去‘采蘑菇’送给妈妈好不好？”

2．基本部分。

（1）“采蘑菇”。指导者带领幼儿“采蘑菇”，并引导幼儿依次做如下训练。

第一项：小手摸大手，即双脚跳到脚垫上再蹲下用双手摸手垫。

第二项：双手、双膝着地在平衡步道上爬行。

第三项：在蹦床上跳 3 下。

第四项：趴在滑板上，双腿并拢伸直，用双手划地前行。

幼儿采到“蘑菇”，指导者在旁边鼓励并提示：“好棒！我们采到‘蘑菇’可以回家啦！”

评 析

此训练适合 2.5～3 岁的幼儿，主要是为了刺激其前庭觉的发展。

指导者应在训练前准备好道具，并利用感统训练器材创设“鳄鱼池”的情境。

手指谣语言简练、韵律感强。指导者在唱手指谣时，可配以手指的动作吸引幼儿的注意力，并让其感受故事情境。

指导者可以设计更具挑战性的关卡，增加训练的趣味性，巩固幼儿已有的学习成果。

此训练适合 2～3 岁的幼儿，主要是为了开发幼儿的中枢神经系统，同时让幼儿体验战胜困难后的成就感。

指导者应在训练前准备好道具，并利用感统训练器材设置不同的关卡。

指导者带领幼儿跳《兔子舞》，可以在热身的同时，吸引幼儿的注意力，让其感受故事情境。

（2）“打败大灰狼”。指导者提示幼儿：“糟糕！‘大灰狼’来啦！我们一起打败它！”然后，指导者引导幼儿依次做如下训练。

第一项：脚踩平衡台，将手中的海洋球投掷到贴有大灰狼卡片的筐里。

第二项：指引幼儿在布置好的感统训练器材里跳、走、钻、爬。

（3）“回家放松”。幼儿将蘑菇卡片交给指导者，指导者告诉幼儿：“终于到‘家’了，现在大家一起放松一下吧！”然后指导者让幼儿分组训练，再对调训练内容。

第一项：幼儿趴在地垫上，指导者用大龙球在其身上从头到脚地滚动，重复3次。

第二项：把四分之一圆放倒，变成摇篮，让幼儿躺在其中来回晃动。

3．结束部分。

指导者让幼儿排好队，随着音乐离开感统训练室。

训练延伸

在“打败大灰狼”环节，指导者可以设计更多情境，提高动作的挑战性和训练的趣味性。

指导者带领幼儿“采蘑菇”“打败大灰狼”“回家放松”。这些活动可以锻炼幼儿的前庭觉、平衡感，刺激幼儿手部及全身触觉感应，促进其前庭觉、触觉发展和手眼协调。

指导者还可以设计不同的情境，巩固幼儿已有的学习成果，逐步提升幼儿的动作协调能力和身体平衡能力。

三、感觉统合训练的指导要点

在感觉统合训练中，指导者应该注意以下几个方面。

（一）制订合适的训练计划

在感觉统合测评结束之后，设计（指导）者对婴幼儿的感觉统合发展水平已经有了较为全面的了解。在为其制订训练计划时，设计（指导）者可以根据婴幼儿的发展需求和训练中的实际情况适时调整，确保感觉统合训练取得良好的效果。

（二）创设轻松的训练环境

指导者不仅要创设良好的物质环境，还要创设轻松的心理环境。也就是说，指导者应该尊重婴幼儿的人格，重视婴幼儿的自主性和主体性，以积极的态度对待婴幼儿，并灵活运用语言指导、动作示范等方式，有针对性地指导婴幼儿。此外，在训练过程中，指导者还应注意婴幼儿的心理需求，并根据实际情况及时予以心理支持。

（三）建立良好的互动关系

指导者与婴幼儿之间的良性互动和交流，不仅可以让指导者更好地了解婴幼儿的状态和需求，也可以让婴幼儿对指导者更加信赖，产生心灵上的共鸣。若想建立良好的互动关系，指导者应鼓励婴幼儿大胆说出自己内心的真实想法，并给予其积极回应。

（四）进行必要的干预指导

指导者应认真观察婴幼儿的身心状态和兴趣需求，在不打扰其训练或游戏的前提下，给予其支持与引导。当发现问题时，指导者应抓住时机进行必要的干预和指导，及时解决问题。

学以致用

一、不定项选择题

1. 下列关于感觉统合的说法中，不正确的是（　　）。
   A. 感觉统合能使各种感觉信息有条不紊
   B. 感觉统合需要经过大脑的加工处理
   C. 感觉统合最终指挥身体做出适当反应
   D. 感觉统合是感觉的基础
2. 感觉统合的功能主要有（　　）。
   A. 综合信息　　B. 组织协调
   C. 检索分析　　D. 保健调节
3. 下列原因中，可能导致婴幼儿感觉统合失调的有（　　）。
   A. 母亲在孕期有先兆流产症状
   B. 养育者过度保护或限制婴幼儿的活动和探索行为
   C. 婴幼儿家庭和睦，家庭成员之间关系良好
   D. 婴幼儿是早产儿
4. 在设计感觉统合训练时，设计者应该遵循（　　）。
   A. 主体性原则　　B. 发展性原则
   C. 兴趣性原则　　D. 游戏性原则
5. 下列关于感觉统合训练内容的说法中，正确的有（　　）。
   A. 训练准备是整个训练的核心部分
   B. 训练目标需要说明通过训练，婴幼儿可以提高哪些方面的能力
   C. 训练延伸是为了巩固已有的学习成果，进一步促进婴幼儿感觉统合能力的发展
   D. 训练过程通常包括开始部分、基本部分和结束部分

二、判断题

1. 人在社会环境中会接收到各种各样的感觉信息，人的大脑可以对每一种感觉信息都指挥身体做出反应。（　　）

2. 中级感觉统合阶段（3～5 岁）是个体的智力、语言、个性形成和发展的关键时期。（　　）

3. 感觉统合失调可能使个体表现出心烦意乱、坐立不安、人际交往关系差、脾气暴躁，以及容易有攻击行为或者自残的行为。 （　　）

4. 在填写感觉统合测评量表时，填表人如果无法做出选择，如没有察觉婴幼儿出现该题所指的行为或婴幼儿尚未达到该题所指的年龄，应该勾选“没有”选项。 （　　）

三、案例分析题

娜娜是个1岁半的小姑娘，从小由姥姥照顾。姥姥怕她受伤或者生病，很少带她到户外玩耍。娜娜很乖巧，不哭不闹，但是有些怕生，也不太理人。

姥姥和邻居王爷爷聊天时说起娜娜的情况。王爷爷说：“我们家小宝最近做了感觉统合训练，在托班的表现好多了。要不让娜娜也试试看？”

但是姥姥觉得娜娜并不像小宝那样调皮，只是比较怕生，不是什么大问题，并不需要做感觉统合训练。在王爷爷的再三劝说下，姥姥最终决定到附近的感觉统合训练机构咨询相关信息。经过一段时间的训练，娜娜在感觉统合方面有了明显进步，语言表达也更加清晰、流畅。

阅读以上材料，并回答问题。

1. 姥姥的想法存在哪些误区？请一一指出，并说明理由。

2. 假如你是感觉统合训练机构的老师，请你为姥姥解释什么是感觉统合，什么是感觉统合测评和训练。

躬行实践

实践背景

祥和社区的居民对感觉统合训练非常感兴趣，希望了解更多的相关知识。社区居委会应广大居民要求，打算举办一场关于感觉统合的专题讲座。在邀请专家之前，居委会想要先调查社区内婴幼儿在感觉统合方面的基本情况。假如你是祥和社区的志愿者，请以小组为单位，完成问卷调查活动。

实践目的

加深学生对感觉统合相关概念的理解，使其熟悉婴幼儿感觉统合失调的原因，并能够协助养育者完成婴幼儿感觉统合测评。

实践准备

1. 学生分成若干小组（6～8人为一组），并选出组长。

2. 每个小组搜集感觉统合相关资料，并设计调查问卷。

实践过程

1. 在社区中走访有婴幼儿的家庭，并发放调查问卷。
2. 回收有效问卷，并分析问卷调查结果。
3. 小组合作撰写调查报告，并整理成 PPT。
4. 各小组代表在课堂上展示 PPT，教师与其他学生进行提问或发表意见。

请按要求完成实践，并填写表 1-4 和表 1-5。

表 1-4　小组成员及分工情况

<table>
<tr><td>班级</td><td></td><td>组号</td><td></td><td>指导教师</td><td></td></tr>
<tr><td>小组成员</td><td>姓名</td><td>学号</td><td colspan="3">任务分工</td></tr>
<tr><td>组长</td><td></td><td></td><td colspan="3"></td></tr>
<tr><td rowspan="7">组员</td><td></td><td></td><td colspan="3"></td></tr>
<tr><td></td><td></td><td colspan="3"></td></tr>
<tr><td></td><td></td><td colspan="3"></td></tr>
<tr><td></td><td></td><td colspan="3"></td></tr>
<tr><td></td><td></td><td colspan="3"></td></tr>
<tr><td></td><td></td><td colspan="3"></td></tr>
<tr><td></td><td></td><td colspan="3"></td></tr>
</table>

表 1-5　实践过程记录表

负责人、时间、任务分配	实施步骤
	1. 小组讨论，设计调查问卷
	2. 社区走访，发放调查问卷
	3. 回收有效问卷，并分析问卷调查结果
	4. 小组合作撰写调查报告，并整理成 PPT
	5. 各小组代表在课堂上展示 PPT，教师和其他学生进行提问或发表意见
	6. 记录实践活动中遇到的问题或心得体会

学习成果评价

请根据学习和实践情况，填写学习成果评价表（见表 1-6）。

表 1-6 学习成果评价表

<table>
<tr><td>姓名</td><td></td><td>班级</td><td></td><td>日期</td><td></td></tr>
<tr><td>学号</td><td colspan="2"></td><td>指导教师</td><td colspan="2"></td></tr>
<tr><td>项目名称</td><td colspan="5">感觉统合训练的基础知识</td></tr>
<tr><td>评价维度</td><td>一级指标</td><td>二级指标</td><td>评价标准</td><td>分值</td><td>评分</td></tr>
<tr><td rowspan="3">知识评价</td><td rowspan="3">专业知识</td><td>了解感觉统合、感觉统合失调的相关内容</td><td>能够答对相应的习题，了解感觉统合和感觉统合失调的基础知识，以及感觉统合对婴幼儿的影响</td><td>15</td><td></td></tr>
<tr><td>熟悉感觉统合测评的工具及方法</td><td>能够答对相应的习题，熟悉感觉统合测评常用的量表，以及如何评定结果</td><td>10</td><td></td></tr>
<tr><td>掌握感觉统合训练的设计与指导</td><td>能够答对相应的习题，掌握感觉统合训练的内容、设计原则、指导要点</td><td>15</td><td></td></tr>
<tr><td rowspan="2">能力评价</td><td rowspan="2">专业能力</td><td>协助养育者完成婴幼儿感觉统合测评</td><td>能够协助养育者填写量表，并对结果进行分析</td><td>10</td><td></td></tr>
<tr><td>设计感觉统合训练，并指导婴幼儿完成</td><td>能够根据婴幼儿感觉统合测评结果，设计合适的训练计划，并指导婴幼儿进行感觉统合训练</td><td>10</td><td></td></tr>
<tr><td>素养评价</td><td>综合素质</td><td>具有团队协作能力和沟通协调能力</td><td>能够与小组其他成员配合完成实践活动，并与婴幼儿的养育者进行有效沟通</td><td>10</td><td></td></tr>
<tr><td rowspan="2">实践评价</td><td>小组实践成果</td><td>小组成员合作完成问卷调查活动，并形成调查报告</td><td>小组成员分工明确，计划翔实，时间安排合理，调查报告能够反应社区内婴幼儿的真实情况</td><td>15</td><td></td></tr>
<tr><td>个人实践成果</td><td>撰写心得体会</td><td>心得体会真实可信，内容深刻</td><td>15</td><td></td></tr>
<tr><td colspan="4">总分</td><td>100</td><td></td></tr>
</table>

第二篇 感觉统合基础训练

本篇导读

感觉统合基础训练通过刺激婴幼儿的前庭觉、触觉、本体觉、视觉、听觉、味觉、嗅觉等，促进婴幼儿大脑的全面发育，提升其身体协调能力。本篇分为前庭觉训练、触觉训练、本体觉训练、视觉训练、听觉训练、味觉训练、嗅觉训练7个模块，使指导者（养育者）在充分了解每种感觉相关知识的基础上，掌握感觉统合的训练方法。

学习目标

知识目标

- 了解各种感觉相关基础知识。
- 熟悉各类感统训练器材，并能够灵活运用。
- 掌握婴幼儿感觉统合的训练方法。

技能目标

- 能够根据婴幼儿的具体情况，开展具有针对性的感觉统合训练。
- 能够利用生活中的常见物品，开展婴幼儿感觉统合家庭训练。

素养目标

- 培养敏锐的观察力，尊重婴幼儿的个体差异。
- 培养创新意识，设计出新颖、有趣、有效的感觉统合训练方案。

模块一　前庭觉训练

应用场景

金阳光感觉统合训练室开放日当天，很多婴幼儿的家长前来参观孩子们的训练课程。

由于小宝存在中度前庭觉统合失调，他被老师安排在前庭觉训练室中。小宝的爸爸妈妈之前没有来过这里，他们有些好奇感觉统合训练到底是什么，于是在训练室窗外看小宝的训练课程。在训练室中，小宝先是俯卧滑滑梯，然后推球，非常配合老师，和小朋友们玩得也非常开心。

思考：为什么滑滑梯和推球可以帮助小宝改善前庭觉统合失调的情况？还有哪些训练可以刺激前庭觉？

新手指导

一、前庭觉基础知识

（一）前庭觉的形成

前庭觉的感受器是前庭器官里的毛细胞（感受机械波刺激的感觉上皮细胞）。前庭器官位于内耳，内部充满淋巴液，由耳石器和半规管两部分组成。

其中，耳石器包括球囊和椭圆囊两部分，帮助人体感知重力和线性加速度。前庭器官内有 3 个半规管，它们相互垂直形成 3 个平面，从而对头在水平面的动作（如摇头）、在矢状面的动作（如点头）和在冠状面的动作（如歪头）做出反应。

当身体运动时，淋巴液晃动，刺激前庭器官的毛细胞，使其兴奋。左右两侧的前庭觉信号通过神经传导至脑干和小脑，使人体形成对运动和位置的感觉。

课堂互动

在原地快速转10圈，然后突然停下。此时你还能走直线吗？

（二）前庭觉的功能

前庭觉具有以下几个方面的功能。

1. 过滤信息

前庭觉负责接收和过滤来自各关节、肌肉，以及脸部正前方的各种感觉信息。这些信息在进入大脑之前，会经过前庭觉的筛选和辨识，以排除冗余的信息，使大脑免受其干扰，提高大脑处理信息的效率。

2. 维持人体平衡

人体在做前后、左右、上下的直线（或旋转）运动、有速度变化时，都会刺激前庭器官。即使在静止时，人体也同样通过前庭器官感受空间位置，并产生重力感觉。例如，在搭乘电梯时，人体可以感受到电梯的升降。一旦人体失去平衡，前庭器官将相关信息传递至大脑，并引起一系列反射来维持人体平衡。

3. 调节运动功能

一方面，前庭觉在维持人体平衡方面发挥重要作用，它可以协调视觉和本体觉，使人在运动过程中保持稳定。另一方面，前庭觉还参与调节眼球的运动。当人体在运动时，前庭觉能使眼球快速、准确地追踪目标物体，这对于复杂的运动（如球类运动）非常重要。

知识视窗

如何在运动中维持平衡

一个人想要在运动中维持平衡，视觉、前庭觉、本体觉系统都要起作用。它们相互协作，提供全面的运动信息，共同确保人体能够站立、行走和进行其他活动。

例如，当一个人走在狭窄、崎岖的山路上，视觉系统可以感知周围环境，如路面是否平整且无障碍物、对面是否有车辆或行人；前庭系统可以感知头部的运动和位置变化，并调节眼球的运动；本体觉系统可以感知身体各部分位置和状态等。在视觉、前庭觉、本体觉系统的协作下，人能够选择较为平整的路面，并调整腿部肌肉的收缩和放松，以确保步伐的平稳。

4. 影响情绪和行为

前庭觉有助于维持人的情绪稳定，从而影响人的行为。例如，哭闹的婴幼儿被抱起或晃动时，前庭觉的刺激可以使其变得安静、不再哭闹。

（三）婴幼儿前庭觉的发展阶段

前庭觉的发展是一个持续且复杂的过程，其在各个阶段的发展如下。

1. 胎儿期

胎儿期是指自受精卵形成约 8 周后至胎儿出生的时期。前庭系统在胎儿 8～9 周时就开始发育并初步发挥作用。到胎儿 5 个月左右时，前庭系统的发育更为完善。胎儿在母体内就能对移动和重力有所感知，这种感知虽然微弱，但为其后续的发展奠定了基础。

2. 新生儿期

新生儿期是指胎儿出生后 4 周内的时期。新生儿的前庭系统已经发育完成，并对脊髓稍有影响力。例如，当新生儿被抱起后忽然又被放下时，其会表现出慌张，并尝试用双手做出拥抱的动作。这种现象表明，新生儿对移动和重力已经有明显的感觉，并能做出反应。

> **温馨贴士**
>
> 按时期划分，新生儿期包含在婴儿期内，但由于新生儿期在生长发育方面具有非常明显的特殊性，本书将其单独列为一个阶段。

3. 婴儿期

婴儿期是指胎儿自出生后至 1 周岁的时期。4～6 月龄的婴儿，在前庭系统和颈部肌肉的协调下，能够实现抬头和转头，开始对外界的声音刺激做出一定反应。

7～12 月龄的婴儿，前庭觉进一步发展，在前庭系统的协调下，他们学会了翻身、坐立、爬行等动作，婴儿的平衡能力逐渐增强，对摇晃、旋转等刺激的适应能力也逐渐增强。

4. 幼儿期

1～2 岁的幼儿前庭觉有了较大发展，其理解能力和学习能力也有了较大提升。这一阶段的幼儿开始尝试走路，手部的精细动作有了较大发展等。

随着骨骼和肌肉的发育，幼儿可以完成更为复杂的动作和任务，前庭觉与听觉、视觉等的统合也更加完善。

（四）婴幼儿前庭觉统合失调的表现

婴幼儿前庭觉统合失调的具体表现如表 2-1 所示。

表 2-1　婴幼儿前庭觉统合失调的具体表现

前庭觉统合失调问题	具体表现
运动问题	平衡感不良，运动能力较差
空间感问题	左右不分，方向感差，容易迷路
动作协调问题	很难双手或双脚同时做相同的动作
视觉统合问题	难以控制眼球转动
注意力问题	好动不安，注意力不集中
语言表达问题	说话缺乏组织性，喜欢重复别人的话，用词混淆
性格问题	性格浮躁，爱招惹别人

婴幼儿受遗传、体质、精神、环境等因素的影响，对前庭觉刺激的耐受程度有所不同。在相同条件下，有些前庭觉统合失调的婴幼儿表现为前庭敏感，而有些则表现为前庭迟钝。前庭敏感的婴幼儿特别害怕有一定高度或速度的游戏，不敢接触新事物，平衡感不良，空间感较差，容易迷路。前庭迟钝的婴幼儿危险意识低，好动且注意力不集中，喜欢自己转圈，秩序性较差，爱做危险动作。

二、婴幼儿前庭觉训练

婴幼儿前庭觉训练的主要目标是为婴幼儿提供丰富的前庭觉刺激，促进其身体协调与平衡，培养其空间感和方向感，进而提升其智力与认知。

（一）专业训练

专业训练是指指导者借助感统训练器材，以合适的训练强度和科学的训练方式，对婴幼儿开展的专业指导。指导者在开展前庭觉专业训练时，应注意以下几点。

（1）在训练初期，指导者应选择刺激强度较小的训练方式，如摇晃训练；在训练后期，指导者可以选择刺激强度较大的训练方式，如旋转训练、跳跃训练等，并逐步延长训练时间。

（2）在训练过程中，如果指导者发现婴幼儿出现眩晕、反胃等情况，应停止训练并让其休息，避免其对训练产生厌恶或恐惧情绪。

婴幼儿前庭觉专业训练主要包括以下几项。

1. 摇晃训练

下面以荡秋千游戏为例介绍摇晃训练。

荡秋千游戏（1.5～3 岁）

训练目标

1. 为幼儿提供前庭觉刺激，促进其前庭系统协调发展。

2. 培养幼儿的身体平衡能力。

训练准备

1. 指导者检查抱筒（见图 2-1）的安全性，包括抱筒的固定装置、铁架等是否牢固。

工具栏

图 2-1 抱筒

抱筒是一个直径为 50～60 cm 的实心原木圆柱，外层用帆布或皮革包裹，悬吊于铁架上，距离地面 25～30 cm。抱筒有横抱筒（见图 2-1 右）和竖抱筒（见图 2-1 左）两种，竖抱筒的下方有圆形底座。

2. 指导者在横抱筒下方的地垫上散放积木、布娃娃等目标物。

训练过程

1. 指导者帮助幼儿跨坐在横抱筒上，让其双手抱住筒身（见图 2-2），并提示幼儿感受自由晃动。

图 2-2 抱横抱筒姿势

2. 指导者推动横抱筒做前后、左右摇晃。

3. 指导者要求幼儿在摇晃过程中用脚踢指定的目标物。

训练延伸

对于平衡感较好的幼儿，指导者可以让其站在横抱筒上，双手抓住绳索以保持身体平衡，由指导者协助做前后、左右晃动。

2. 旋转训练

下面以旋转抱筒游戏为例介绍旋转训练。

旋转抱筒游戏（2.5～3 岁）

训练目标

1. 为幼儿提供前庭觉刺激。
2. 提高幼儿的空间感和平衡感。

训练准备

1. 指导者检查竖抱筒的安全性，包括抱筒的固定装置、铁架等是否牢固。
2. 指导者在竖抱筒下方的地垫上散放积木、布娃娃等目标物。
3. 幼儿的身体协调性和平衡感较好。

训练过程

1. 指导者让幼儿坐在竖抱筒底座上，双手、双腿环住筒身（见图 2-3），保持身体平衡。

图 2-3　抱竖抱筒姿势

2. 幼儿在指导者的协助下做前后、左右晃动，然后交替进行顺时针旋转和逆时针旋转。需要注意的是，旋转不宜太快，若幼儿出现眩晕等不良反应，指导者应及时停止训练。

训练延伸

对于平衡感较好的幼儿，指导者可以让其双脚站在竖抱筒底座上，双脚夹住筒身，尝试只用一只手抓紧筒身上端的绳索，用另一只手抓取物体；指导者也可以让其单脚站在竖抱筒底座上，双手抓紧上端的绳索，用另一只脚踢目标物。

3. 平衡训练

下面以滑板游戏和平衡台训练为例介绍平衡训练。

滑板游戏（2～3岁）

训练目标

1. 为幼儿提供前庭觉刺激。
2. 增强幼儿的动作协调能力、身体平衡能力，培养其对速度的控制能力。
3. 提高幼儿的空间感。

训练准备

指导者准备滑板（见图2-4）、小球、球筐等。

工具栏

图2-4 滑板

滑板一般是一块底面装有4个轮子的方形塑料板（见图2-4左），其主体长度约为40 cm，宽度约为30 cm。有些滑板的主体是直径约40 cm的近似圆形塑料板（见图2-4右）。

训练过程

1. 乌龟爬行（见图2-5）。指导者引导幼儿俯卧在滑板上，头部抬高，手臂前伸，双脚并拢抬起；然后双手撑地，使身体向前滑行。幼儿在滑行过程中可以改变方向或后退，也可以做360°的大回转。

2. 滑板青蛙蹬（见图2-6）。指导者引导幼儿俯卧在滑板上，头部抬高，双手撑在滑板两侧，屈膝，双脚蹬在墙壁上；然后双脚用力蹬离墙壁，使身体向前滑行。蹬离墙壁后，幼儿的双脚应立即并拢，脚面绷直；然后双手撑地，使身体继续向前滑行。

图 2-5　乌龟爬行

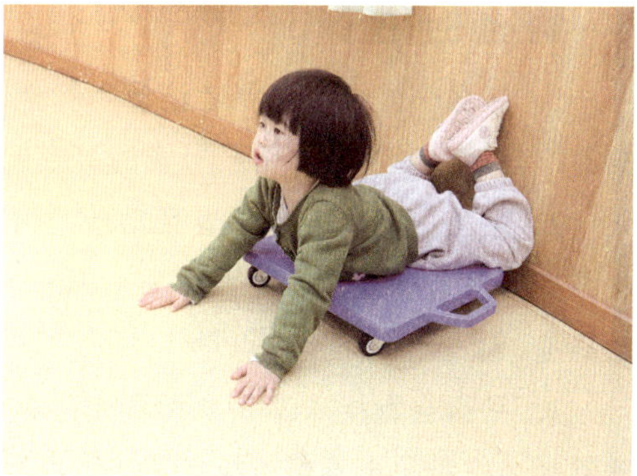

图 2-6　滑板青蛙蹬

3. 滑板牵引滑行。幼儿俯卧在滑板上，用手拉着绳子的一端；指导者用手拉着绳子的另一端，牵引滑板上的幼儿做前进、转弯、旋转等动作。

4. 滑板上投球。指导者让幼儿俯卧在滑板上，在幼儿旁放一筐小球，并在幼儿前方2～3 m 处放置一个空球筐，然后让幼儿将球投入前方的球筐中。投球次数视幼儿情况而定。

训练延伸

当幼儿在滑板上的动作熟练以后，指导者可以用积木标记出一条曲折的路线，并在终点处放置目标物；然后让幼儿俯卧在滑板上，沿着路线向前滑行，并取得一定数量的目标物。指导者也可以将幼儿分组，让幼儿进行推球或抢球比赛。

平衡台训练（2～3 岁）

训练目标

1. 为幼儿提供前庭觉刺激。
2. 增强幼儿动作平衡能力和身体协调能力。

训练准备

指导者准备平衡台（见图 2-7）。

工具栏

图 2-7　平衡台

平衡台是一个底部略呈弧形的方台，其长度约为 40 cm，宽度约为 30 cm，高度约为 20 cm。

训练过程

1. 静坐平衡台。指导者让幼儿静坐在平衡台上，自己左右摇晃或在指导者的帮助下摇晃；当指导者发出有明显节奏的口令时，幼儿依口令调整摇晃节奏。

2. 站立平衡台。指导者帮助幼儿两脚分开站立在平衡台上。待幼儿适应平衡台后，指导者可以让幼儿尝试将身体重心从一只脚转移到另一只脚，学会自己控制平衡台的晃动程度。

3. 平衡台抛接球游戏。指导者让幼儿站在平衡台上一边摇晃，一边与指导者做抛接球游戏。当指导者不断变换抛球的方向和节奏时，幼儿尽量不要让球掉在地上。

训练延伸

指导者可以与幼儿分别站在两个平衡台上，两人双手紧握或双手相互搭在对方肩上摇晃平衡台。待幼儿熟悉后，指导者可以让两个幼儿为一组进行相互协作练习。

4. 跳跃训练

下面以蹦床游戏为例介绍跳跃训练。

蹦床游戏（2～3岁）

训练目标

1. 为幼儿提供前庭觉刺激。
2. 提升幼儿手眼协调能力。

扫一扫

蹦床游戏

训练准备

指导者准备蹦床（见图2-8）、皮球。

工具栏

图2-8 蹦床

蹦床的床面是一张圆形的、有一定弹性的网，直径为90～120 cm，高度为15 cm。

训练过程

1. 自由跳跃。指导者让幼儿在蹦床上自由跳跃，感受重力的作用。

2. 听口令跳跃。幼儿在指导者的口令下，做有节奏的顺（逆）时针旋转跳、开合跳等。

3. 蹦床抛接球（见图 2-9）。幼儿边跳跃边接指导者从不同方向抛来的球，接到球后再将其抛给指导者。

图 2-9 蹦床抛接球

训练延伸

指导者可以让两个幼儿为一组，听口令在蹦床上互相抛接球。

5. 姿势反应训练

姿势反应训练可以通过钻圆筒、滑滑梯、跳沙坑等快速改变姿势的运动实现。下面以滑梯游戏为例介绍姿势反应训练。

滑梯游戏（2.5～3 岁）

训练目标

1. 为幼儿提供前庭觉刺激，促进幼儿前庭系统发展。

2. 增强幼儿的动作协调能力、身体平衡能力。

3. 培养幼儿对速度的控制能力。

训练准备

1. 指导者准备滑板、滑梯（见图 2-10）、小球、积木等感统训练器材，并布置好软垫等保护措施。

工具栏

图 2-10　滑梯

滑梯由顶端平台、与平台相接的坡道组成。顶端平台的规格通常为 40 cm×80 cm，距离地面的高度约为 50 cm；坡道长度约为 3 m，与地面的夹角约为 15°。

2．幼儿应具有操作滑板的能力。

训练过程

1．俯卧滑滑梯（见图 2-11）。指导者将滑板放在滑梯顶端的平台上，并引导幼儿俯卧在滑板上，头在前，脚在后。指导者可以轻轻地推动滑板，使滑板从滑梯上自然滑下，也可以让幼儿自己用双手抓住滑梯两侧从滑梯上滑下来。

图 2-11　俯卧滑滑梯

在幼儿熟练掌握俯卧滑滑梯后，指导者可以开展以下活动。

（1）推球。当幼儿向下滑时，指导者将球滚向幼儿，让幼儿用双手将面前的球推开。

（2）取物。指导者在滑梯旁边散放积木等目标物；当幼儿向下滑时，指导者发出指令，让幼儿在滑行过程中取指定的目标物。

（3）击打。指导者在滑梯上方的合适位置悬挂布娃娃、小球等目标物；当幼儿向下滑时，指导者发出指令，让幼儿在滑行的过程中伸手击打指定的目标物。

（4）穿越障碍物。指导者在幼儿滑行路线上设置障碍物，让幼儿在滑行过程中改变滑板方向以绕过障碍物。

2．坐姿滑滑梯（见图 2-12）。指导者将滑板放在滑梯顶端的平台上，并引导幼儿坐在滑板上；幼儿抓住滑梯两侧或在指导者推动下从滑梯上自然滑下。在幼儿熟练掌握坐姿滑滑梯后，指导者也可以开展推球、取物、击打、穿越障碍物等活动。

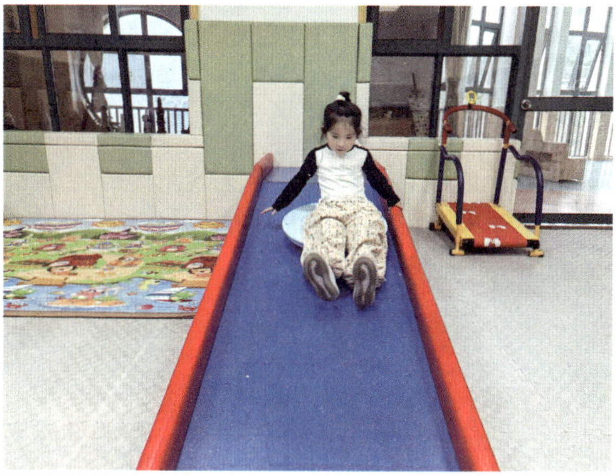

图 2-12 坐姿滑滑梯

3．逆上滑梯（见图 2-13）。指导者让幼儿俯卧在滑板上，抓住滑梯两侧，双手交替向上移动，靠手臂力量由下向上爬到滑梯顶端。

图 2-13 逆上滑梯

训练延伸

指导者可以将幼儿分组，让幼儿参加滑滑梯比赛。

（二）家庭训练

除了借助专业的感统训练器材，养育者也可以在家中开展以下婴幼儿前庭觉训练。

宝贝飞起来（3～9 月龄）

训练目标

1. 使婴儿感受空间变化。

2. 锻炼婴儿的平衡感，促进其前庭觉发展。

训练过程

1. 养育者将躺在床上或坐在地毯上的婴儿轻柔地抱起，将其举高后放下。

2. 待婴儿适应后，养育者双手托着婴儿的腋下，使其身体直立，然后朝着不同方向慢慢移动，让婴儿充分感受“飞”的感觉。在“飞”的过程中，养育者可以轻轻地告诉婴儿“起飞喽”“转弯喽”“降落喽”，让婴儿对动作和空间变化产生认知。

开心转椅（2.5～3 岁）

训练目标

1. 提高幼儿的身体协调能力。

2. 锻炼幼儿的平衡感，促进其前庭觉发展。

训练准备

养育者将转椅放在平坦的地方。

训练过程

1. 养育者让幼儿坐在转椅上，并双手扶着扶手。

2. 养育者转动转椅，顺时针转动和逆时针转动交替进行，转动速度由慢到快，使幼儿逐渐适应。

3. 养育者可让幼儿将双手自然地放在腿上，等幼儿坐稳后，养育者再转动转椅。

训练延伸

在训练过程中，养育者可以递给幼儿一些毛绒玩具，让幼儿接住并投到指定位置。

换脚上楼梯（2 岁左右）

训练目标

1. 锻炼幼儿的平衡感，促进其前庭觉发展。

2. 提高幼儿的运动协调能力。

训练准备

1. 养育者给幼儿的左右脚分别穿上红色袜子和黄色的袜子，并准备和两只袜子颜色相同的若干小球。

2. 养育者在台阶上交替放红色小球和黄色小球。

训练过程

1. 养育者先让幼儿观察台阶上小球的颜色，并告知其游戏规则“只有和小球颜色相同的脚才可以踩上去”。

2. 养育者可以从旁搀扶幼儿，或者让幼儿扶着扶手练习换脚上楼梯。

训练延伸

待幼儿熟悉后，养育者可以拿掉小球，让幼儿自己换脚上楼梯。

模块二 触觉训练

应用场景

触觉训练室内，老师正带领小朋友们在海洋球池里做训练。训练室外，几个小朋友的家长在聊天。

球球的妈妈说：“球球特别怕生，非常依赖我。我们之前带她做了感觉统合测评，专家说她在触觉方面有些统合失调。今天是球球第一次进行感觉统合训练。”

娜娜的姥爷说：“我们家娜娜也是触觉统合失调，已经训练一段时间了。她现在动作灵活了，说话也流利了，比之前活泼了很多。”

训练室内，球球和娜娜不小心撞到了一起，球球立刻大哭了起来，娜娜则没有什么明显的反应。老师查看后，发现两人均无大碍。

思考：同样是触觉统合失调，为什么球球和娜娜不小心撞到一起后，球球哭得那么大声，娜娜却没什么反应？

新手指导

一、触觉基础知识

（一）触觉的形成

触觉感受器（见图 2-14）分布于表层皮肤中，通过触觉神经将温度、湿度、痛觉、压力、振动等触觉信息传递给大脑，使人能够感知和应对外界环境。

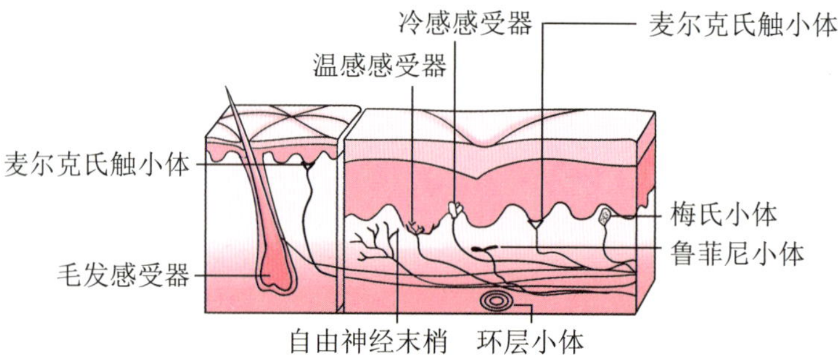

图 2-14　触觉感受器

触觉感受器有许多种类。例如，梅氏小体等负责轻触的感受器可以感受精细触觉；麦尔克氏触小体、环层小体等负责压力的感受器可以感受挤压的感觉；温感感受器、冷感感受器等负责温度的感受器可以感受冷、暖的感觉；自由神经末梢等负责痛觉的感受器可以感受疼痛的感觉；等等。

触觉感受器并非平均分布于皮肤表面，人体各部位分布的触觉感受器密集程度不同，因此，各部位的敏感度也不同。例如，头面部（尤其是嘴唇、舌头前端、鼻尖等部位）的触觉感受器分布较为密集，属于高敏感区域；四肢的大部分区域的触觉感受器分布较为均匀，敏感度适中；背部等部位的触觉感受器分布密度较低，属于低敏感区域。

知识视窗

婴幼儿的痛觉感受性

婴幼儿的痛觉感受性是随着年龄的增长而发展的。一般来说，影响痛觉感受性的条件包括伤害或过强的刺激、痛觉阈限（刚刚能引起痛觉的最小刺激量）、痛的情绪。

在痛觉阈限方面，婴幼儿的痛觉阈限会随着年龄的增长而降低，即婴幼儿的痛觉感受性随着年龄的增长而提高；在痛的情绪方面，他人的表现会对婴幼儿的痛的情绪起暗示作用，如他人表现出的消极情绪（紧张、恐惧、伤心、焦虑、烦躁等）

往往会使婴幼儿的疼痛感更强烈。例如，球球在玩耍时不小心摔倒了，本来没有哭，但看到爸爸非常紧张地盯着自己，便害怕得哭了起来，而且越哭越感到痛。

（二）触觉的功能

触觉的功能具体包括以下几个方面。

1. 安抚情绪

触觉会影响多种激素的分泌。当皮肤被抚摸时，如血清素、催产素等可以减压的激素分泌增加，而皮质醇等给人带来压力的激素分泌减少，可以使人获得情绪纾解。此外，触觉与婴幼儿情绪发展、亲子依恋关系的建立有重要联系。婴幼儿在被拥抱、亲吻时，会产生轻松、愉悦等情绪，进而增进与养育者之间的感情。

2. 促进生长发育

当婴幼儿获得丰富的触觉刺激时，迷走神经（一种可以支配腺体分泌激素的神经）会更加活跃，进而促进生长激素、胰岛素的分泌，帮助婴幼儿吸收营养、增加体重、长高。

3. 建立保护性防御机制

当婴幼儿受到痒、蜇、刺、烫等刺激时，为了保护自己免受伤害，会出现逃避反应。这种保护性防御部分源自先天的无条件反射，部分是建立在后天经验基础上的条件反射。例如，婴幼儿触碰了火，被火烫到，下次再遇到火时就会将手缩回来。

课堂互动

在日常生活中，当我们伸手去拿热水杯时，会有什么反应呢？

4. 促进动作发展

触觉感知是婴幼儿学习动作的方式。触觉会影响运动神经的反应，如触摸婴儿唇角会引起吸吮反射，触摸婴儿掌心会引起抓握反射等。对于婴幼儿来说，强化手的触觉敏锐度，提高手部精细动作的协调度，能够促进其动作发展。

温馨贴士

吸吮反射和抓握反射都是无条件反射，一般会在婴儿出生3个月后逐渐消失。

5. 辅助视觉

婴幼儿的视觉系统尚未发育成熟，如新生儿只可短暂注视 20 cm 内的物体。相较之下，婴幼儿的触觉已稍具基础。婴幼儿积累丰富的触觉经验，有助于其建立正确的视觉判断意识。

6. 充当沟通途径

触摸是最直接的非语言沟通方式，是婴幼儿开口说话前的沟通途径之一。例如，当婴幼儿感到不适或不安时，养育者轻拍婴幼儿，可以帮助他们平静下来。

（三）婴幼儿触觉的发展阶段

触觉是最原始的感觉。早在胎儿在母体内几周的时候，触觉就开始发育了。在婴幼儿出生后，触觉成为其探索外界环境、认识事物的主要方式。根据婴幼儿探索方式的不同，触觉的发展可以分为以下几个阶段。

1. 口腔触觉探索

婴幼儿对物体的探索最早是通过口腔触觉进行的。例如，2 月龄的婴儿在吸吮时，对于熟悉的物体，吸吮的速度逐渐降低，出现习惯化现象；对于不熟悉的物体，婴儿又开始用力吮吸，即出现去习惯化现象。

当婴幼儿手的触觉探索活动发展起来以后，口腔触觉探索活动逐渐退居次要地位。但在 1 岁之前，口腔触觉探索活动始终是婴幼儿认识物体的重要手段，作为手的触觉探索活动的补充。

问题聚焦

颖颖（8 个月）非常喜欢把物品放入口中啃咬，手指、玩具、衣服，都被她啃咬过。颖颖的妈妈觉得这样非常不卫生，总是制止她的啃咬行为。后来，妈妈从书上了解到，婴幼儿啃咬东西是正常现象，家长应该给予足够的理解和支持。颖颖的妈妈应该怎么做？

2. 手的触觉探索

新生儿出生后有本能的手的触觉，如抓握反射就是手的触觉的表现。随后，婴儿会出现手的无意性抚摸，这也是一种早期手的触觉探索活动。例如，婴儿的手无意中碰到了被子边缘，他会沿着边缘抚摸被子。

婴儿手眼协调动作的出现，是真正意义上手的触觉探索活动的开始。一般来说，5 月龄的婴儿能够伸手抓住东西，即出现手眼协调动作；7 月龄的婴儿已经掌握手眼协调动作，会用手摆弄物体，即积极主动地开展手的触觉探索活动。

到了手的触觉探索后期，婴幼儿的手部动作已经相当熟练和协调，他们不仅能准确地抓取、摆弄物体，还能进行简单的操作。

3. 全身触觉探索

随着口腔和手部触觉探索的成熟，婴幼儿会开始更全面的触觉探索活动，他们用自己的身体去碰、蹭各种物体的表面，以获得更丰富的触觉体验。这一阶段，婴幼儿的视觉与触觉统合更加协调，有助于他们更好地探索和理解周围世界。同时，婴幼儿的触觉与他们的情感也产生联系。例如，当婴幼儿摸到柔软、温暖的物体时，他们会感到舒适和愉悦；当摸到坚硬、冰冷的物体时，他们会感到不适和紧张。

（四）婴幼儿触觉统合失调的表现

婴幼儿触觉统合失调通常分为以下两类。

1. 触觉敏感

触觉敏感的婴幼儿对外界的刺激适应性较弱，通常表现为依赖妈妈或固定的某人、怕生、缺乏自信；容易和别人争吵、朋友少；喜欢某种特殊又熟悉的感觉，所以容易有偏食、吸吮手指的习惯；常出现很多令人无法理解的行为，如不喜欢被人拥抱，却喜欢拥抱别人。

触觉敏感的婴幼儿日益增多，这和婴幼儿的出生方式及其生长环境有关。一方面，通过剖宫产术出生的婴幼儿，由于在出生时没有经过产道的挤压，其受到的触觉刺激较少，有较高的概率出现触觉敏感。另一方面，婴幼儿活动空间变小，玩沙土、玩水或在草地上打滚的机会变少了，甚至晒太阳、吹风的机会也变少了，导致婴幼儿受到的触觉刺激严重不足，容易出现触觉敏感。

2. 触觉迟钝

触觉迟钝包括触觉被动和触觉渴望两种情况。

触觉被动的婴幼儿比较安静，看上去很乖，通常表现为对疼痛的忍受度较高；可能自我伤害，如敲头、掐身体等；做精细动作时比较困难；在看不到的情况下，较难用触觉辨认物体；等等。

触觉渴望的婴幼儿非常爱动，比较淘气，通常表现为喜欢触碰身边的东西；经常弄伤宠物；容易打、掐、咬别的小朋友；喜欢摸表面纹理较粗糙的物体；吃饭口味偏重；喜欢穿比较紧的衣服；等等。

二、婴幼儿触觉训练

婴幼儿触觉训练的主要目标是为婴幼儿提供丰富的触觉刺激，促进其神经系统和大脑发育，安抚婴幼儿的情绪并提升其安全感，从而促进其身体发育和健康成长。

（一）专业训练

触觉训练主要针对皮肤、肌肉与骨骼、关节展开。指导者在开展触觉专业训练时，应注意以下几点。

（1）针对皮肤的触觉训练，应以温度、痛觉、压觉和痒觉为主，将头部、颈部、身体两侧和四肢内侧作为重点训练部位。

（2）针对肌肉与骨骼的触觉训练，应以挤压、拍打、拉伸、翻滚、爬行、悬吊等训练为主要内容，锻炼婴幼儿身体各部位的活动能力。

（3）针对关节的触觉训练，应以挤压、拉伸、碰撞、振动的方式来刺激触觉神经，丰富婴幼儿的触觉体验。

下面以海洋球池游戏和大龙球游戏为例，介绍婴幼儿触觉统合专业训练。

海洋球池游戏（1.5～3 岁）

训练目标

1. 提高幼儿的触觉感知能力。
2. 改善幼儿触觉敏感或触觉迟钝的情况，促进幼儿的全面发展。

训练准备

指导者准备海洋球池（见图 2-15）。

工具栏

图 2-15　海洋球池

海洋球池是由塑料围栏或木质围栏围成的矩形球场，场内填充直径为 4.5～8 cm、材质柔软的海洋球。

训练过程

1. 指导者引导幼儿进入球池。如果幼儿不愿意进入球池，指导者可以给他几个海洋球让他先在球池外面玩。

2. 指导者引导幼儿慢慢地坐下或躺下，将身体全部藏入球池中，感受球的挤压，加强对全身触觉系统的刺激和锻炼，以修正触觉防御。

3. 指导者让幼儿在球池中运动，如转动手、脚，挥动四肢或翻动身体，摆动头部、颈部，等等。

训练延伸

1. 指导者可以让幼儿在球池中做踏步运动、跳跃运动，或让幼儿沿着某条规定路线抵达目的地。

2. 指导者可以让幼儿在球池中做“飞机起飞”“火车开动”“太空人漫步”等游戏，强化幼儿的运动企划能力。

3. 指导者可以在球池中藏一种或几种其他材质或大小的物体作为“宝藏”，并将幼儿分为两组，让他们比赛寻宝，看哪一组找得又多又快。

大龙球游戏（1～3 岁）

训练目标

扫一扫

大龙球游戏

1. 丰富幼儿的触觉刺激。

2. 锻炼幼儿的平衡感，促进其前庭觉发展。

训练准备

指导者准备大龙球（见图 2-16）。

工具栏

图 2-16 大龙球

大龙球直径为 65～95 cm，弹性较强。大龙球的表面有两种，光滑的表面刺激较小，带突起的表面刺激较大。

需要注意的是，对于刚开始接受触觉训练的幼儿，指导者应选用大龙球光滑的表面，为其提供触觉刺激；对于已经训练较长时间或触觉不太敏感的幼儿，指导者应选用大龙球带突起的表面，为其提供触觉刺激。

训练过程

1. 俯卧大龙球（见图 2-17）。指导者让幼儿俯卧在大龙球上，提醒幼儿抬起头部和颈部；指导者抓住幼儿的双脚，然后做前后推拉和左右转动。方向、速度的变化可以刺激幼儿的前庭觉，让其有更好的重力感。

图 2-17 俯卧大龙球

2. 仰卧大龙球（见图 2-18）。指导者让幼儿仰卧在大龙球上；指导者抓住幼儿的双脚、大腿或腰部，做前后推拉和左右转动，并提醒幼儿体会全身关节、肌肉的感觉。

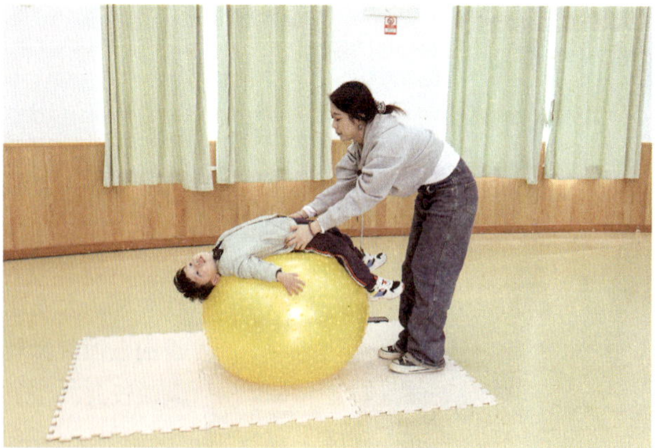

图 2-18 仰卧大龙球

3. 静坐大龙球（见图 2-19）。指导者让幼儿坐在大龙球上；指导者扶着幼儿的腰部或手臂，做前后推拉和左右转动，也可以利用大龙球的弹性做有节奏的上下振动。

图 2-19 静坐大龙球

4. 大龙球压滚游戏（见图 2-20）。指导者让幼儿仰卧或俯卧在地上，并将大龙球放置在幼儿的身上；然后前后、左右慢慢地滚动大龙球，或轻轻向下挤压大龙球，尽量使大龙球滚动和挤压到幼儿身体的各个部位。

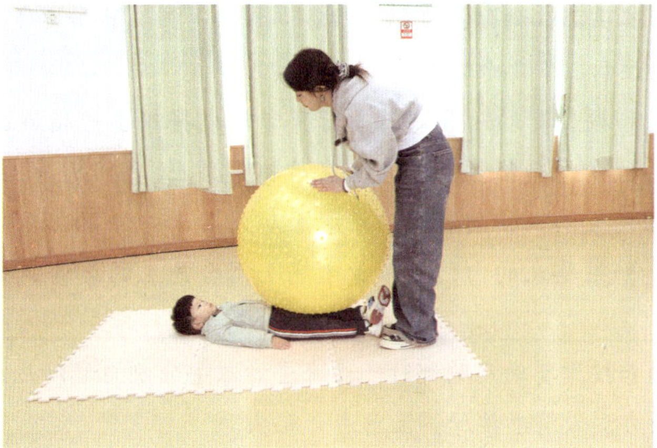

图 2-20 大龙球压滚游戏

在大龙球压滚游戏中，指导者需要关注幼儿的反应。如果幼儿喜欢较强烈的触觉刺激，表明其触觉防御不足；如果幼儿要求轻轻地压，表明其触觉防御正常；如果幼儿较轻的压力也接受不了，表明其触觉防御过度。

对于触觉防御过度的幼儿，指导者可以先对其腹部（仰卧时）或背部（俯卧时）进行挤压。待幼儿适应后，指导者再尝试挤压幼儿的腿部和足部、臂部和手部。

训练延伸

1. 俯卧大龙球取物。指导者让幼儿俯卧在大龙球上并保持身体平衡；指导者将目标物（如小球、积木等）放置在幼儿向前滚动时用手可以够得到的位置；指导者扶着幼儿的脚协助其向前滚动，帮助其取到目标物。

2. 在大龙球上跳跃。指导者让幼儿站在大龙球上，双手扶其腰部或手臂；指导者先让幼儿轻轻地上下振动，或双脚交替踩压，再扶着幼儿跳起来，让其体会落下去又弹起来的感觉。

（二）家庭训练

养育者可以在家中为婴幼儿提供触觉刺激。具体而言，养育者可以对 1 岁以内的婴儿进行抚触和按摩，为 1～3 岁的幼儿提供多种多样、操作性强的玩具。幼儿在操作这些玩具时，手部肌肉得到锻炼，手眼协调能力不断提升。

知识视窗

抚触和按摩

抚触和按摩是为婴幼儿提供触觉刺激的主要方法。养育者可在婴幼儿沐浴后，以适当的力度对其头部、胸部、腹部、四肢、背部进行抚触和按摩。在抚触和按摩时，养育者需要注意以下几个方面。

（1）在抚触和按摩婴幼儿头部时，养育者应先将双手拇指放在其前额眉间上方，用指腹轻柔地向外平推至太阳穴；然后自下颌正中向外、向上滑动按摩；最后两拇指自前额发际向上、向后滑动按摩至后发际，并停留在两侧耳后的乳突部位轻轻地按压。如果婴儿的囟门（颅骨未完全闭合产生的裂缝）未闭合，应注意避开。

（2）在抚触和按摩婴幼儿胸部时，养育者的双手分别自婴幼儿左右胸部的侧方沿着对侧肩部的方向做滑动按摩。注意避开乳头。

（3）在抚触和按摩婴幼儿腹部时，养育者用手掌以婴幼儿的肚脐为中心，沿顺时针方向做滑动按摩。如果婴儿的脐痂未脱落，应注意避开。

（4）在抚触和按摩婴幼儿四肢时，养育者的双手握着婴幼儿的手臂或腿部，从肩部（大腿根部）到手腕（脚踝），自上而下地轻轻挤捏，并滚动揉搓大肌肉群及关节；养育者用双手拇指的指腹，自婴幼儿手（脚）掌根部依次向上推向指（趾）端，并提捏各手指（脚趾）关节。注意动作要轻柔。

（5）在抚触和按摩婴幼儿背部时，养育者让婴幼儿俯卧，双手分别放在其脊柱两侧，自中央向两侧滑动按摩；然后五指自然分开，沿脊柱方向从肩部到臀部做自上而下的滑动按摩。

养育者可以在家中开展以下婴幼儿触觉训练。

水中玩耍（6 月龄～3 岁）

训练目标

1. 丰富婴幼儿的触觉刺激。

2. 提高婴幼儿对温度变化的敏感程度。

训练准备

养育者准备浴盆、热水、冷水。

训练过程

1. 养育者在浴盆中先倒入热水，让婴幼儿远远地伸出手感受热气。在此过程中，养育者要格外小心，不要让热水或水蒸气烫伤婴幼儿。

2. 养育者一边往浴盆中倒入冷水，一边鼓励婴幼儿伸出手感受冷水的温度。

3. 当水温适宜时，养育者可以让婴幼儿躺在浴盆中感受水温。

训练延伸

养育者在每次给婴幼儿洗澡时，可以给其留出玩水的时间，让婴幼儿充分感受水的奇妙触感，刺激婴幼儿的大脑发育。

梳梳头（2～3 岁）

训练目标

1. 丰富幼儿的触觉刺激。

2. 促进幼儿手部精细动作发展。

训练准备

养育者准备梳子、镜子。

训练过程

1. 养育者让幼儿坐在镜子前，手拿梳子为幼儿梳头，先从右至左梳 25 下，再从左至右梳 25 下，然后从前往后、从后往前各梳 25 下。

2. 养育者刚开始可以轻轻地梳，待幼儿适应这种触感后，再慢慢加大力度。在此过程中，养育者要注意观察幼儿的反应，对其敏感部位进行针对性的训练。

训练延伸

在多次示范后，养育者可以让幼儿尝试自己梳头。

玩沙子（3岁左右）

训练目标

1. 丰富幼儿的触觉刺激。

2. 促进幼儿手部精细动作发展。

训练准备

养育者准备沙子、盆、水、塑胶布等。

训练过程

1. 养育者先将沙子倒在一块大的塑胶布上，让幼儿坐在塑胶布的中间，尽量使其全身各部位都能接触到沙子。

2. 养育者让幼儿用手在沙子中搅动，或任其抓沙、搓沙、捧沙。

3. 养育者取出一小堆沙子，将水倒入其中，让幼儿用手在湿沙子中搅动，询问幼儿湿沙与干沙在触感上有什么不同。

需要注意的是，养育者要认真观察幼儿接触沙子后的反应。如果幼儿特别抵触，可以让其先在一旁看着；在幼儿玩沙子的过程中，养育者要全程陪同，避免让幼儿用沾满沙子的手揉眼睛；在幼儿玩完沙子后，养育者要及时给幼儿洗手、换衣服。

训练延伸

对于年龄稍大些的幼儿，养育者可以为其提供工具让其自由玩耍，还可以带幼儿到户外玩游戏，让其在沙地、草地、石子地等不同地面玩耍。

模块三 本体觉训练

应用场景

本体觉训练室内，老师将小朋友们分成两组进行接力闯关赛。接力闯关赛的关卡如下。

第一关的小朋友要带着小球“穿越山洞”，然后将小球传递给第二关的小朋友；第二关的小朋友要带着小球“翻山越岭”，然后将小球传递给第三关的小朋友；第三关的小朋友要带着小球“蹦蹦跳跳”，直至终点。虽然小朋友们中途遇到了一些困难，但是都闯关成功。

训练室外大部分家长在为孩子们加油鼓劲，但也有少数家长感到疑惑：“这些游戏和本体觉训练有什么关系呢？”

思考：本体觉训练包括哪些内容，训练的目的是什么？

新手指导

一、本体觉基础知识

（一）本体觉的形成

位于肌肉、肌腱、关节内的本体感受器能够感受肌张力的变化，感受关节转动角度的变化，并将这些信息通过特定的传导通路传入神经中枢，从而调节骨骼肌的运动，使人能够感知身体位置、姿势和运动的变化。

（二）本体觉的类型

根据本体觉传导通路（见图 2-21）的不同，本体觉可以分为意识性本体觉和非意识性本体觉。

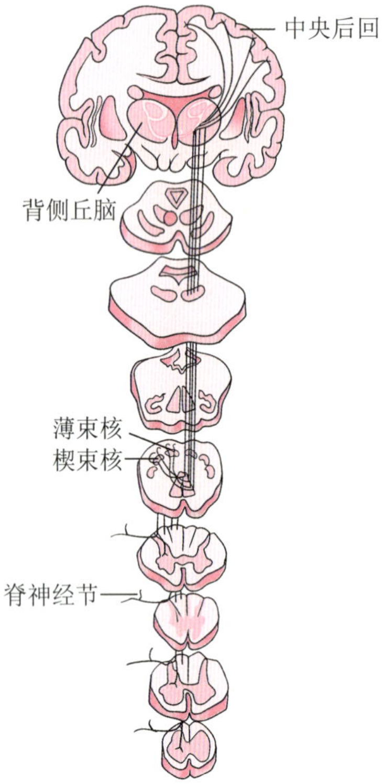

意识性本体觉传导通路

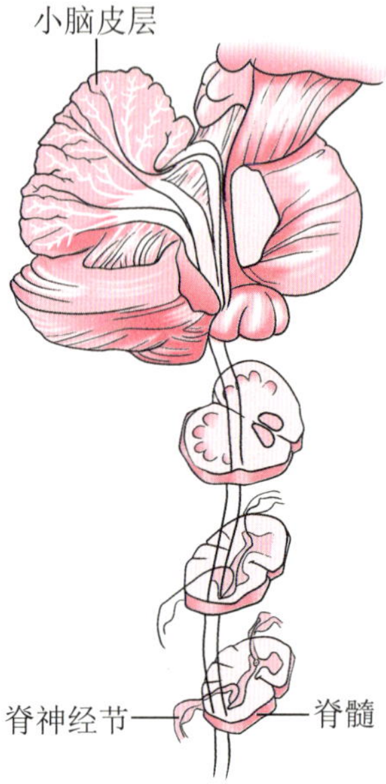

非意识性本体觉传导通路

图 2-21　本体觉传导通路

1. 意识性本体觉

意识性本体觉传导通路由三级神经元组成。本体觉信息经过脊神经节内的第一级神经元、薄束核和楔束核内的第二级神经元、背侧丘脑内的第三级神经元，抵达大脑皮层的中央后回。

意识性本体觉可以提供关于身体位置和运动的意识性感知，帮助个体精准定位和做出动作，在运动控制、姿势维持、空间感知等方面发挥着至关重要的作用。

2. 非意识性本体觉

非意识性本体觉传导通路由两级神经元组成。本体觉信息经过脊神经节内的第一级神经元、脊髓内的第二级神经元，抵达小脑皮层。

非意识性本体觉可以反射性调节躯干和四肢的肌张力，帮助维持身体的平衡和姿势。这一过程是在无意识情况下完成的，对于保持身体的稳定性、防止摔倒等意外情况的发生具有重要意义。

课堂互动

请分别举出意识性本体觉和非意识性本体觉发挥作用的例子。

（三）本体觉的功能

本体觉具有以下几个功能。

1. 辨别位置

本体觉提供了身体在空间中的精确位置和动态变化的实时信息，有助于个体提高空间认知能力，从而更加准确地辨别位置信息。

2. 运动协调

本体觉在协调肌肉运动中发挥关键作用，它能使肌肉在合适的时机以合适的力度收缩和放松，从而使动作精确和流畅。无论是简单的日常活动，如行走、抓取物品等，还是复杂的运动，如舞蹈、体育运动等，都离不开本体觉的协调。

3. 感知身体

本体觉不仅能帮助个体感知身体的外部情况，还能使其感知自己身体各部位的位置和运动状态，从而做出适当的反应和调整。

4. 预防伤害

本体觉能感知到身体已经受到的伤害或即将受到的潜在伤害，并触发保护性的肌肉反应，如快速收回受伤的手指，这有助于减轻伤害的程度或减少伤害的发生。

5. 提升自信心

由于身体活动大多是在不知不觉中进行的，本体觉发展良好的人往往不用过多考虑身体接下来如何行动，他们会更加自信地面对困难和挑战。

问题聚焦

诚诚（3岁）和表姐思思（3岁5个月）在一起吃饭，思思已经可以熟练地运用筷子夹菜，诚诚却怎么也做不好，他感到有些沮丧。假如你是诚诚的阿姨，你会怎么做？

（四）婴幼儿本体觉的发展阶段

婴幼儿本体觉的发展大致可以分为以下几个阶段。

1. 初步感知阶段

0～6月龄的婴儿处于初步感知阶段。这一阶段的婴儿主要通过原始的反射动作来感知自己的身体。随着时间的推移，婴儿学会控制自己的头部和四肢，这标志着他们的本体觉有了初步发展。

2. 动作协调阶段

7 月龄～2 岁的婴幼儿处于动作协调阶段。这一阶段的婴幼儿开始尝试做更复杂的动作，如翻滚、爬行、站立和行走。这些动作需要身体各部位的协调配合，极大地促进了本体觉的发展。同时，婴幼儿开始学习使用双手进行更精细的操作，如抓握、拿捏、投掷等。这些活动进一步增强了婴幼儿对身体的感知和控制能力。

3. 精细动作发展阶段

2～3 岁的幼儿处于精细动作发展阶段。精细动作是指由人体小肌肉群协作完成的动作，一般指手部的动作。这一阶段的婴幼儿本体觉发展已经相对成熟，他们的手眼协调能力高度发展，能进行一系列复杂的精细动作，如拼图、画画等。这些活动进一步促进了婴幼儿本体觉的发展和完善。

（五）婴幼儿本体觉失调的表现

婴幼儿本体觉统合失调主要表现在以下几个方面。

1. 动作不协调

本体觉统合失调可能导致婴幼儿无法准确感知身体各部位的位置和运动状态，走路容易摔倒，也不能像其他婴幼儿那样翻滚、拍球等。

2. 精细动作不良

本体觉统合失调可能导致婴幼儿精细动作不良，生活自理能力较差，如婴幼儿不会系鞋带、扣纽扣、用筷子等。

3. 语言和认知发展受阻

本体觉统合失调可能影响婴幼儿语言和认知的发展。由于无法准确感知和控制自己的身体，婴幼儿难以建立正确的身体概念和空间感，进而影响其语言和认知发展。

问题聚焦

佑佑一直由姥姥照顾。姥姥怕孩子磕着碰着，总是不让佑佑练习爬行。现在佑佑 1 岁半了，不仅走路非常容易摔倒，而且在遇到突发情况时，反应比较迟钝，动作也比较笨拙。你应该如何向佑佑姥姥解释佑佑的这种情况？

二、婴幼儿本体觉训练

婴幼儿本体觉训练的目标主要是丰富婴幼儿的本体觉体验，协调肌肉运动，增强其平衡感，促进其运动能力的发展。

根据训练内容的不同，婴幼儿本体觉训练可以分为动态训练和静态训练两类。动态训练侧重于通过大肌肉训练和游戏锻炼婴幼儿的肌肉收缩能力。静态训练侧重于通过精细动作训练提升婴幼儿的自我控制能力。

温馨贴士

肌肉收缩，特别是对抗阻力时的收缩，可为中枢神经系统提供本体觉信息输入。

（一）专业训练

指导者主要为婴幼儿提供专业的本体觉动态训练指导。由于婴幼儿本体觉发展与其动作发展存在密切的联系，指导者应结合婴幼儿动作发展（详见附录）设计相应的训练方案。

在指导婴幼儿训练时，指导者需要注意以下几个方面。

（1）训练初期以婴幼儿掌握动作为主。

（2）在婴幼儿掌握动作后，指导者应引导婴幼儿领会动作的要点、节奏、力度等，使其建立完整的动作印象。

（3）由于关节部位的本体觉感受器敏感性相对较差，指导者需要进行专门的挤压、揉搓、牵拉等训练，以增加运动刺激，促进关节部位的本体觉发展。

下面以万象组合游戏为例，介绍针对婴幼儿本体觉统合的训练。

万象组合游戏（1～3 岁）

训练目标

1. 为幼儿提供本体觉刺激，促进幼儿本体觉发展。
2. 提高幼儿的空间感。

训练准备

指导者根据具体训练，利用万象组合（见图 2-22）的器材搭建合适的场景。

工具栏

图 2-22 万象组合

万象组合是一套包含多种器材的感觉统合训练工具，通常包括手（脚）垫、奇智砖、平衡桥、体能棒（环）、单元桶、连接器等。这些器材可以单独使用，也可以组合、搭建成不同的训练场景。

训练过程

1. 手（脚）垫。指导者将手垫和脚垫以不同方式排列，让幼儿手脚并用地爬行。

2. 奇智砖。指导者将奇智砖摆成不同形状，让幼儿做不同练习，具体如下。

（1）指导者将奇智砖按高低不同间隔排列，让幼儿在上面迈步前进。

（2）指导者将奇智砖分成左右两排，让幼儿在上面左右脚迈步前进。

指导者还可以让幼儿利用奇智砖做以下动作。

（1）双脚夹奇智砖原地跳跃。

（2）单手或双手传递奇智砖。

3. 平衡桥组合（见图 2-23）。指导者将若干平衡桥连接在一起，让幼儿在上面行走，并提醒幼儿伸开双臂以维持平衡；也可以让幼儿站在平衡桥上，做转身、单脚站立等动作，提高其身体的协调性。

图 2-23 平衡桥组合

4. 体能棒和单元桶组合（见图 2-24）。指导者将体能棒和单元桶组合成一系列栏架，让幼儿从体能棒上跨过。

图 2-24 体能棒和单元桶组合

5. 体能环和单元桶组合（见图 2-25）。指导者利用单元桶将多个体能环竖起，让幼儿从体能环中钻过。

图 2-25 体能环和单元桶组合

训练延伸

待幼儿熟悉这些活动后，指导者可以将上述训练组合在一起，利用万象组合的器材搭建各种类型的洞门、障碍墙等，形成一个复杂的障碍路线，让幼儿进行综合性训练。

（二）家庭训练

1. 静态训练

养育者可以在家中开展婴幼儿本体觉静态训练，侧重训练婴幼儿的精细动作，培养其生活自理能力。

在开展本体觉静态训练时，养育者要注意以下几个方面。

（1）充分考虑个体特点，遵循婴幼儿精细动作的发展规律，采取相应的训练方式（见表 2-2）。

表 2-2 婴幼儿精细动作的训练方式

年（月）龄	训练目标	训练方式
0～6 月龄	基础手部动作	为婴儿准备一些方便抓握的玩具，让婴儿练习抓、握、摇、捏等动作
7～12 月龄	手眼协调动作	准备一些大小、软硬适中的食物，让婴儿用手抓着吃；把积木放在桌布上，引导其通过拉近桌布取得积木；把积木放在纸巾下，引导其把纸巾掀开取得积木
1～2 岁	精细操作	为幼儿提供画笔，培养其涂鸦的兴趣；为幼儿提供安全环保的橡皮泥玩具，培养其想象力和创造力；让幼儿玩串珠游戏，培养其注意力
2～3 岁	生活技能	为幼儿提供一双专门的训练筷子，教幼儿使用筷子夹起食物，锻炼幼儿手指的操作能力和控制力

（2）早期手部运动需要一定的运动量进行强化。

（3）训练双手，特别加强左手的训练，以促进大脑全面发展。

2. 动态训练

养育者可以在家中开展以下婴幼儿本体觉动态训练。

捉迷藏（3 岁左右）

训练目标

1. 为幼儿提供本体觉刺激，促进其本体觉发展。
2. 改善幼儿的肢体控制能力。
3. 提高幼儿的空间感。

训练准备

养育者准备眼罩或布条。

训练过程

1. 养育者用眼罩或布条遮住眼睛，待幼儿藏好后，摘下眼罩或布条，寻找幼儿的藏身之处。

2. 当幼儿被养育者找到后，两人互换角色。幼儿用眼罩或布条遮住眼睛，养育者在距离幼儿不远处适当躲藏。藏好后，养育者提示幼儿摘下眼罩或布条，开始寻找。若幼儿迟迟找不到养育者的藏身之处，养育者可以发出声音，让其循着声音调整寻找方向。

训练延伸

养育者可以让多位幼儿一起玩捉迷藏，最先被找到的人要表演节目。

跳格子（3 岁左右）

训练目标

1. 为幼儿提供本体觉刺激，促进其本体觉发展。
2. 锻炼幼儿的平衡能力、弹跳能力，促进其前庭觉发展。

扫一扫

跳格子

训练准备

养育者准备沙包，并用粉笔在地上画格子（见图 2-26）。

训练过程

1. 养育者向幼儿介绍游戏规则并演示如何跳格子。跳格子的游戏规则是：在第一轮游戏中，幼儿站在 1 号格子外，将沙包扔进 1 号格子，然后按照单个格子单脚跳、并排格子双脚跳的规则，跳到 10 号格子后折返，返回时将沙包捡起，并跳出格子。在第二轮游戏中，幼儿要将沙包扔进2号格子，重复上述过程。在跳跃过程中，压线或出线均被视为犯规。

2. 待幼儿熟悉规则后，养育者可以让其与多名幼儿一起玩，并进行比赛。

图 2-26 格子示意图

模块四 视觉训练

应用场景

1 岁多的琪琪非常喜欢色彩鲜艳、图画生动的绘本，经常模仿大人的样子读书。但是，琪琪的妈妈发现，她经常拿反绘本，而且不能很好地辨认图形的大小、形状、颜色等。为了了解婴幼儿视觉统合训练，琪琪的妈妈参加了金阳光感觉统合训练室的开放日活动。

琪琪的妈妈在视觉统合训练室外观察里面的情况。只见训练室中，老师正带领小朋友们练习抛接球，并没有教他们怎样看书或辨认图形。

思考：为什么练习抛接球可以改善婴幼儿的视觉统合情况？视觉统合训练可以提升哪些能力？

新手指导

一、视觉基础知识

（一）视觉的形成

视觉的感受器是眼球，由角膜、瞳孔、晶状体、玻璃体、视网膜等结构组成。外界物体反射的光线依次经过角膜、瞳孔、晶状体和玻璃体，经晶状体折射后到达视网膜，形成一个物像。当视网膜上感受光线的视觉细胞获得物像信息时，会通过视觉神经将信息传递至大脑皮层的视觉中枢。大脑通过整合和分析信息，形成对物体的形状、大小、颜色、位置等属性的认知。

（二）视觉的功能

人体从外界获得的信息大多来自视觉。视觉的功能主要包括以下几种。

1. 联想功能

联想功能是指由视觉经验决定了的视觉想象，也就是说，即使没有直接看到物体，人的大脑也能想象出该物体的具体样子。例如，有的幼儿看见某一图形，能联想到相似的或相反的图形；有的幼儿能将多个零散的图形拼成一个完整的、有意义的图形，运用联想弥补视觉信息的不足。

2. 记忆功能

记忆功能是指大脑对眼睛所看到的事物保留印象的能力。例如，有的幼儿视觉记忆能力较强，对看过的文字、图形或其他事物，能够保持很长时间的记忆；有的幼儿视觉记忆能力较差，可能在图形的辨认上感到困难。

3. 辨别功能

辨别功能是指大脑辨别不同物体之间异同的能力，涉及视觉信息注意、视觉信息获取、提取储存信息、信息对照分析、信息加工判断、言语表达等方面。

4. 手眼协调

手眼协调是指视觉与手部动作的协调能力，即眼睛将看到的视觉信息传递给大脑，大脑发出指令让手操作完成任务的能力。

5. 追踪功能

追踪功能是指协调眼睛的转动以注视物体的能力。例如，幼儿在保持头部不动的情况下，眼睛可以稳定注视一个活动的物体。

（三）婴幼儿视觉的发展阶段

婴幼儿视觉的发展大致可以分为以下几个阶段。

1. 视觉发育初期

0～6 月龄的婴儿处于视觉发育初期。刚出生的新生儿就具备对光线的感知能力，但由于其视觉系统尚未发育成熟，视线范围有限，通常只能看清眼前约 20 cm 内的物体，对颜色的感知能力较弱，只能辨别明暗和黑白。

随着婴幼儿的视觉系统不断发育和完善，其逐步形成了视觉追踪、辨别、记忆等能力。相较于新生儿，6 月龄的婴儿能更准确地注视和追视物体，视线转移能力有所增强；对颜色的感知能力也有所增强，逐渐能识别黄色、橙色、红色等鲜艳的颜色，并且能区分不同的面孔和物体。

2. 视觉发育中期

7～12 月龄的婴儿能精细辨别物体，手眼协调能力也在不断提高。同时，这一阶段的婴儿初步形成空间感，能感知物体之间的相对位置和距离，从而准确判断物体的远近和大小。

3. 视觉发育后期

1～3 岁的幼儿，其视觉感知、辨别、记忆能力得到了显著提升，并逐渐完善了立体视觉功能，从而准确感知周围环境，并进行空间判断。

一般来说，1 岁左右的婴幼儿，视力已经接近成人的水平，能清晰地看到远处的物体，手眼协调能力快速提高；2 岁左右的幼儿，远距视觉开始发展，可以指出自己喜欢的颜色，视觉记忆能力增强；3 岁左右的幼儿，能分辨几何图形，具备基础认知，开始拥有深度知觉（对物体三维空间位置的分辨感知能力），空间感提高。

（四）婴幼儿视觉统合失调的表现

婴幼儿视觉统合失调主要表现在以下几个方面。

（1）眼球运动不协调。难以追踪移动的物体，或在快速移动时感到眩晕。

（2）对视觉刺激过度敏感或反应迟钝。有些婴幼儿可能对强光、色彩变化等视觉刺激表现出过度敏感（如哭闹、避开视线等），有些婴幼儿则对这些视觉刺激反应迟钝，会视而不见。

（3）手眼协调能力不佳。难以准确地抓取物体，导致生活自理能力较差。

（4）空间感较差。难以将玩具放入正确的位置，或在走路和跑步时容易被物体绊倒。

（5）注意力不集中。难以长时间集中注意力于某一视觉对象上，或在观察时对细节的注意不足。

二、婴幼儿视觉训练

婴幼儿视觉训练的目标是通过适当的训练活动，增强婴幼儿的视觉记忆、辨别、追踪等能力，并提高其手眼协调能力。

（一）专业训练

婴幼儿视觉训练的内容与方法基于视觉功能，主要包括以下几个方面。

1. 视觉联想能力训练

视觉联想能力训练有助于婴幼儿将看到的物体、颜色、形状等与其相关的概念、经验或情感联系起来。指导者可以采取以下训练方法。

（1）看图说话。指导者为婴幼儿选择色彩丰富、图画生动的绘本，与其一起阅读。在阅读过程中，指导者可以指着绘本中的图画，讲述相关故事或情节，引导婴幼儿将图画与故事情节联系起来，进而使婴幼儿学会看图说话。

（2）图片配对。指导者可以准备一些相似的图片，如不同种类的动物或交通工具等，让婴幼儿尝试找出相同或相似的图片，激发婴幼儿的联想能力。

2. 视觉记忆能力训练

视觉记忆能力训练有助于提高婴幼儿的记忆效率，扩大记忆容量，延长对视觉信息的记忆时长，从而提高认知能力。在训练时，指导者可以将视觉信息与身体动作相结合，使婴幼儿的记忆过程更加生动、形象且深刻。例如，指导者可以做一些连续的动作，让婴幼儿注意观察动作的细节和要点，要求婴幼儿在模仿动作时尽量做到准确无误。

3. 视觉辨别能力训练

指导者可以通过以下训练，提高婴幼儿对不同物体的辨别能力。

（1）辨别色彩。指导者可以将各种颜色的小球混在一起，让婴幼儿挑出某种颜色的小球。

（2）辨别形状。指导者可以将各种形状的积木混在一起，并将这些积木逐一展示给婴幼儿看，让婴幼儿找出与展示的积木形状相同的积木。

（3）辨别大小。指导者可以准备大小差异明显的若干物品，让婴幼儿感受大小的不同，并要求婴幼儿将物品按照从小到大或从大到小的顺序排列。

4. 手眼协调能力训练

指导者可以通过 88 轨道练习提高婴幼儿的手眼协调能力。

88 轨道练习（2~3 岁）

训练目标

1. 提高幼儿的手眼协调能力。
2. 培养幼儿的注意力。

训练准备

指导者准备 88 轨道（见图 2-27）、小球。

工具栏

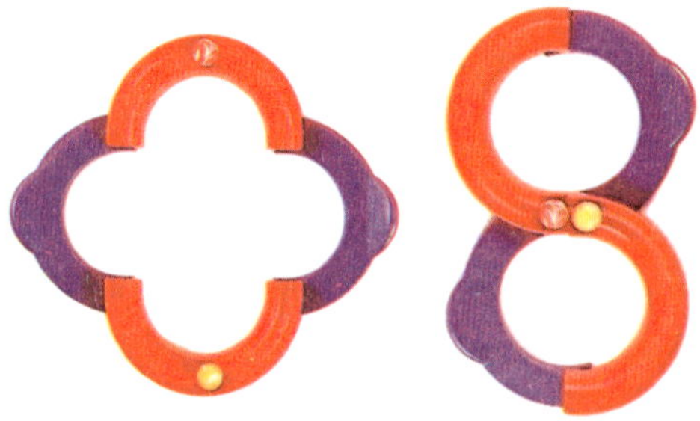

图 2-27　88 轨道

88 轨道由两个半圆形的把手和两个半圆形的轨道组成，展开时呈四叶草形（见图 2-27 左）。手握两侧的把手向内合，轨道便可相接呈 S 形（见图 2-27 右）。轨道设有凹槽，方便小球滚动。

训练过程

1. 指导者让幼儿双手握住 88 轨道两边的把手，不断变换 88 轨道的形状，使其熟悉如何操纵 88 轨道。

2. 幼儿将 88 轨道展成四叶草形，在指导者放进小球后，让小球在单一轨道上自由滚动，并保持其不掉落。在此过程中，指导者应提示幼儿集中注意力观察小球的运动轨迹。

3. 待幼儿能够熟练控制小球在单个轨道上滚动时，指导者可以让幼儿操纵轨道使其相接呈 S 形，在小球滚动至 S 形轨道末端时迅速改变轨道方向，以保持小球的滚动。

训练延伸

指导者可以让幼儿在平衡台上控制 88 轨道，同时锻炼幼儿的平衡能力和手眼协调能力。

5. 视觉追踪能力训练

指导者可以借助各种球类活动开展视觉追踪能力训练。

球类活动（3 岁左右）

训练目标

1. 提高幼儿的视觉追踪能力。

2. 培养幼儿的平衡能力，提升幼儿的反应速度和身体灵活性。

训练准备

指导者准备各种球类。

训练过程

1. 趴地推球（见图 2-28）。指导者让幼儿面对墙壁趴在地上或滑板上，在距离墙壁 50 cm 的地方，抬头挺胸，双臂悬空将球推向墙壁；待球从墙壁弹回后接住，然后再将球推向墙壁，如此重复。

2. 拍球。指导者让幼儿把球拍向地面，当球从地面弹起时再向下拍球。对于刚开始练习拍球的幼儿，指导者可以允许其跟着球跑，只要能连续拍球即可；待幼儿逐渐熟练后，可以让其定点拍球。

3. 定点投球（见图 2-29）。指导者先准备好投掷靶（或在墙上标示出投球区域），让幼儿站在离投掷靶（或投球区域）一定距离的地方，提示幼儿将手中的小球投到指定位置。

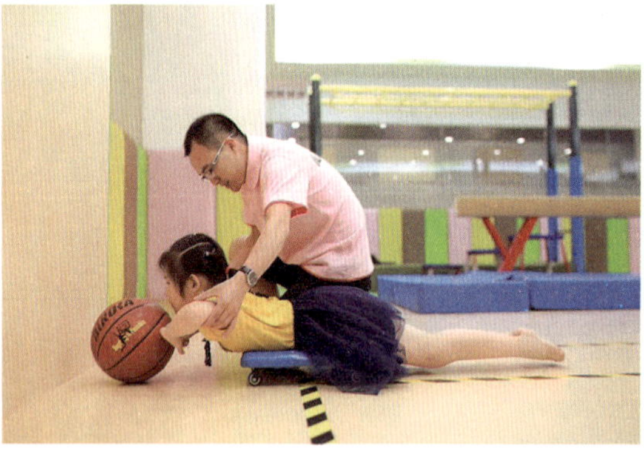

图 2-28　趴地推球

图 2-29　定点投球

训练延伸

指导者可以让两个幼儿为一组，相互推球、拍球、投球。

（二）家庭训练

为了给婴幼儿提供丰富的视觉刺激，养育者可以为其提供一些色彩鲜明、有助于其视觉发展的玩具，并在家中开展以下训练。

学注视（3～8月龄）

扫一扫

学注视

训练目标

1. 为婴儿提供丰富的视觉刺激。

2. 提高婴儿的视觉辨别能力。

训练过程

养育者可以用绳子将一些小件物品（如铃铛、小球、玩具等）悬挂在婴儿上方30 cm处。在婴儿注视这些物品时，养育者可以轻声讲解这些物品的名称和用途。需要注意的是，绳子上悬挂的物品要经常调整变换。

训练延伸

养育者可以引导婴儿触摸这些物品，使婴儿建立触觉印象，提高其手眼协调能力。

画鼻子（2～3岁）

训练目标

1. 提高幼儿的视觉记忆能力和观察力。

2. 促进幼儿手部精细动作发展。

训练准备

养育者提前准备一张缺鼻子的人像。

训练过程

1. 养育者将缺鼻子的人像放在距离幼儿约2 m的地方，给幼儿留出观察人像的时间。

2. 养育者将幼儿的眼睛蒙上，给幼儿递上笔，让其凭着记忆去给远处的人像画上鼻子。

训练延伸

在幼儿的眼睛被蒙上后，养育者可以让其先在原地转几圈，再去给人像画鼻子。

模块五　听觉训练

应用场景

在听觉训练室中，老师正在讲故事，大部分小朋友都在认真听，只有东东在东张西望，还时不时地打断老师说话。

东东的爸爸看到这一幕很头疼。东东平时在家里也是这样，做事三心二意，还把家长说的话当成耳旁风。起初，家里人觉得他还太小，听不懂话。后来，同龄的孩子都可以背古诗、讲故事了，东东还是经常会对他人的话充耳不闻。家人带东东看了医生，医生说他的听力没有问题，有可能是听觉统合失调。

思考：婴幼儿听觉统合失调有哪些表现？针对婴幼儿听觉统合的训练有哪些？

新手指导

一、听觉基础知识

（一）听觉的形成

听觉系统分为外周部分和中枢部分。外周部分（见图 2-30）包括外耳、中耳和内耳。外耳由耳郭和外耳道构成；中耳包括鼓膜、听骨链等结构；内耳是听觉系统的核心部分，包括耳蜗、前庭和半规管。中枢部分是指神经以上的所有听觉结构，跨越了脑干、中脑、丘脑，并终止于大脑皮层的听觉区。

物体振动会产生声波，这些声波会通过空气或其他介质传到耳朵，引起外耳道的共振和鼓膜的振动。鼓膜的振动带动听骨链的运动，将声波的机械振动传递至耳蜗。耳蜗中的听觉感受器将机械振动转换为神经信号。听神经纤维将神经信号传递至大脑的听觉中枢，大脑对这些信息进行解码和分析后形成听觉。

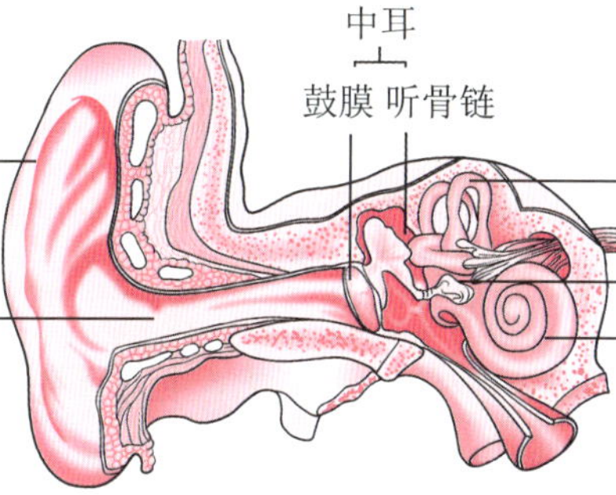

图 2-30 听觉系统的外周部分

（二）听觉的功能

听觉的功能是指个体在注意力集中的状态下用听觉获取信息的能力，包括以下几种。

1. 辨别功能

辨别功能是指个体接收和辨别各种声音的能力。例如，听觉辨别能力低下的婴幼儿难以区分发音相近的字词，从而影响其听力和语言能力发展。

2. 记忆功能

记忆功能是指个体保持并复述所听到的信息的能力。例如，听觉记忆能力较强的婴幼儿可以对新旧知识的联系产生联想，从而加深对知识的理解。

3. 编序功能

编序功能是指个体将获取的听觉信息按先后顺序回忆出来，以及将获取的听觉信息加以组织使之有意义的能力。

4. 理解功能

理解功能是指个体理解声音及说话内容的能力。例如，听觉理解能力差可能导致有些婴幼儿虽然具备了听讲能力，却对别人说的话充耳不闻。

5. 听说结合

听说结合涉及个体对听到的词汇的联想、推理、判断能力。在现实生活中，听与说总是密不可分的，不会听讲的婴幼儿，说话往往语无伦次。

（三）婴幼儿听觉的发展阶段

听觉是仅次于视觉的重要感觉通道，是婴幼儿发展语言能力的重要基础。婴幼儿听觉在各个阶段的发展如下。

1. 胎儿期

胎儿在 5 个月时就有了听觉能力，至第 6 个月时听觉系统的外周部分已基本发育成熟，出生以后就能适应生活中的大部分声音。

2. 婴儿期

0～6 月龄的婴儿，对声音有初步的辨识能力，但不明白声音的具体意义。随着听觉理解能力的提高，7～12 月龄的婴儿逐渐可以分辨不同的声音，尤其是妈妈的声音；可以准确定位声源。这一阶段叫婴儿的名字，他多半会有反应。

3. 幼儿期

这一阶段的幼儿能够听懂说话的内容，实现音义结合，可以说一些有意义的词。一般来说，1 岁左右的幼儿可以按照指导者（养育者）的指令做动作，可以模仿他人发出的声音；2 岁左右的幼儿可以理解简单的问题并回答。

（四）婴幼儿听觉统合失调的表现

婴幼儿听觉统合失调主要有以下两种表现。

1. 听觉敏感

听觉敏感的婴幼儿容易因为环境中的一些背景音（如电流声、时钟的声音）而分心或烦躁；害怕卫生间的冲水声、吸尘器或吹风机的声音；拒绝去电影院或音乐厅等声音较大的场所；在突然听到很大的声音或尖锐的声音时，会尖叫、哭闹，或捂耳朵跑开。

2. 听觉迟钝

听觉迟钝的婴幼儿常常在别人叫他名字或和他说话时没反应；听歌或看电视喜欢调大音量，有时还会故意制造噪声；难以理解或记住别人的话；难以分辨声音的来源、不同人的音色；在做事时，喜欢一边说步骤一边做；在婴儿期很少咿咿呀呀；语言能力在剧烈运动后可能变好。

问题聚焦

冰冰是个性格温和、乖巧懂事的小朋友。2 岁多的冰冰上了托班后，老师给冰冰家长打电话，询问冰冰在家中是否也不太理人。老师说冰冰虽然不调皮捣蛋，但是也不怎么认真听讲，讲过的事情总是记不住，平时也不爱和其他小朋友交往，叫他的名字好像没有听见一样。冰冰这种情况属于哪种类型的听觉统合失调？

二、婴幼儿听觉训练

听觉对婴幼儿的语言和社交能力发展有着重要的影响。通过针对性的听觉训练，婴幼儿可以提升相关能力，改善学习表现。

（一）专业训练

婴幼儿听觉训练的内容与方法基于听觉功能，主要包括以下几个方面。

1. 听觉辨别能力训练

指导者可以蒙上婴幼儿的眼睛，再把能发声的物体藏起来，让其判断声源的远近、音量的大小，并根据声音寻找物体。

2. 听觉记忆能力训练

指导者可以选择一些不同难度的语句让婴幼儿仿说，培养其听觉记忆能力。指导者可以采用即时仿说（婴幼儿听完指定信息后立即复述）的训练方式，也可以采用延时仿说（婴幼儿听完指定信息一段时间后再复述）的训练方式。

3. 听觉编序能力训练

指导者可以采用以下方式训练婴幼儿的听觉编序能力。

（1）发出一系列有顺序的指令，让婴幼儿按照指令的顺序执行。例如，指导者对婴幼儿说："先拿起红色的积木，然后把它放在黄色的积木上，再将它们一起放进筐中。"

（2）采用顺背、倒背数字的方法进行训练。例如，指导者可以让婴幼儿在上楼梯时顺背数字，下楼梯时倒背数字，让他们对数字和顺序有清晰的认识。

4. 听觉理解能力训练

指导者训练婴幼儿的听觉理解能力，可以将相关内容配合实物、画面、表情或动作，让声音更有意义，方便婴幼儿理解。此外，指导者可以通过丰富婴幼儿的词汇量，提高其听觉理解能力。

5. 听说结合能力训练

听觉训练往往需要和语言训练结合起来。指导者可以通过让婴幼儿列举近义词、将句子补充完整、接龙故事等训练方式，提高其听说结合能力。

（二）家庭训练

养育者应为婴幼儿提供丰富的声音环境，保持与婴幼儿的交流，鼓励其多读、多背、多记，抓住婴幼儿的听觉敏感期（0～1 岁婴儿发展听觉的关键时期），通过各种方式刺激婴幼儿的听觉发展，如呼唤婴幼儿的名字、播放柔和的音乐、提供各种发声玩具、带婴幼儿到室外听大自然的声音等。

知识视窗

婴幼儿喜欢听的声音

婴幼儿喜欢听的声音主要有以下几类。

（1）妈妈或主要养育者的声音。婴幼儿对妈妈或主要养育者的声音有着天然的亲近感和依赖感，这些声音能带给婴幼儿安全感。

（2）柔和的音乐。柔和的音乐可以使婴幼儿的身心放松，可以安抚哭闹或不安的婴幼儿；音乐的旋律和节奏还可以培养婴幼儿对音乐的感知能力。

（3）自然界中的声音。雨声、风声、鸟鸣声、海浪声等，不仅可以让婴幼儿感到宁静和舒适，还可以激发婴幼儿对自然界的好奇心和探索欲。

（4）玩具发出的声音。各种能发出声音的玩具，不仅可以吸引婴幼儿的注意力，还可以激发婴幼儿的好奇心。

（5）重复且简单的语言。儿歌、童谣、简单的对话等不仅有助于婴幼儿学习语言，还有助于增强其听觉记忆和理解能力。

养育者可以在家中开展以下听觉训练。

循声觅物（4～6 月龄）

扫一扫

循声觅物

训练目标

1. 为婴儿提供听觉刺激。
2. 建立婴儿视觉和听觉之间的联系，促进其听觉发展。

训练准备

养育者准备铃铛、拨浪鼓等可以发声的玩具或物品。

训练过程

1. 养育者在婴儿双耳边交替摇铃铛，让其寻找声音的来源。需要注意的是，摇铃铛的声音不宜过大或过于刺耳，清晰且音量适中的声音更能吸引婴儿的注意，使婴儿有兴趣寻找声音的来源。

2. 养育者在婴儿面前，多次将皮球、纸箱、空瓶子等物品扔到地上，让婴儿知道这些物品掉落会发出何种声音；然后养育者趁婴儿不注意将物品扔到地上，观察婴儿是否会将头转向物品掉落的方向。

训练延伸

养育者可以有节奏地摇动能发声的玩具或物品，当婴儿注视这些物品时，告诉他这是什么，使其建立视觉与听觉之间的联系，积累听觉记忆。

水钢琴（3 岁左右）

训练目标

1．锻炼幼儿的听觉辨别能力。

2．培养幼儿对音乐的学习兴趣。

训练准备

养育者准备一组玻璃杯、一个金属勺子。

训练过程

1．养育者往玻璃杯中注水，再用勺子敲击几下杯子，提醒幼儿注意玻璃杯发出的声音。

2．养育者继续往玻璃杯中注水，然后再次敲击杯子，提醒幼儿注意玻璃杯发出的声音有变化。

3．养育者在桌上摆一排玻璃杯，按照水量由少到多的趋势依次往玻璃杯中注水；养育者逐一敲击杯子，形成音阶，让幼儿区分不同玻璃杯发出声音的差别。

训练延伸

养育者可以握着幼儿的手教他如何用勺子敲击玻璃杯；待幼儿掌握敲击力度后，让幼儿自己用勺子敲击玻璃杯，探索如何敲出喜欢的音乐。

模块六　味觉训练

应用场景

训练室外的几位妈妈聚在一起交流孩子挑食、偏食的问题。

菲菲的妈妈说："我家菲菲是个很乖巧可爱的孩子，但是是个吃饭'困难户'。她自从过了1岁就开始挑食了，只喜欢吃甜的、质感绵软的食物。每次到了吃饭的时候，她总是要好几个大人来哄，有时候吃到不爱吃的还会吐出来。"菲菲的妈妈非常无奈，她不知该如何解决菲菲挑食的问题。

思考：挑食、偏食与婴幼儿的味觉统合有什么关系？

新手指导

一、味觉基础知识

（一）味觉的形成

味觉感受器是味蕾，其主要分布在舌头的表面。味蕾顶端在口腔黏膜表面的开口，称为味孔。当溶解于水（唾液）的化学物质进入味孔时，味觉细胞受刺激而兴奋，味觉信息经神经经纤维传到大脑而产生味觉。

课堂互动

将食物含在口中不动，和用舌头搅动食物，哪一种方式能使味觉更持久？

（二）味觉的功能

味觉主要具有以下功能。

1. 分辨功能

分辨功能是指个体能分辨进入口腔的食物的味道，即分辨食物酸、甜、苦、咸等的能力。这是味觉最基本的功能。

2. 防御功能

防御功能是指个体能通过分辨进入口腔的食物的味道，判断食物是否会对身体产生伤害并做出反应的能力。例如，人吃到变质的食物会下意识地吐出来。

3. 记忆功能

记忆功能是指个体能将品尝过的味道储存在大脑里，当下一次再尝到此味道时，便能知道此食物是什么的能力。这种功能可以帮助人了解和认识事物。

（三）婴幼儿味觉的发展阶段

婴幼儿味觉的发展大致可以分为以下几个阶段。

1. 快速发展期

0～6 月龄的婴儿处于味觉的快速发展期。新生儿在出生后第 2 天就已经有味觉，1 个月内就能辨别酸、甜、苦、咸等不同的味道。当把甜味液体放到婴儿的嘴边，其会出现轻松愉快的表情，并满意地吸吮；当把酸、咸或苦味液体放到婴儿的嘴边，其会有皱眉、噘嘴或不规则呼吸等拒绝性反应。

随着月龄的增长，婴儿的味觉迅速发展，能够分辨出更多的味道，并对食物的味道产生明显的反应。到 4～5 个月时，婴儿对食物的微小改变已经非常敏感，他们可能会通过舔、咬等方式探索不同的食物和味道。

2. 高峰期

7～12 月龄的婴儿处于味觉发展的高峰期。这一时期，婴儿的味蕾分布比成年人更广，因此味觉更灵敏和丰富。同时，他们开始形成对某些食物的偏好。

3. 稳定期

1～3 岁的幼儿处于味觉发展的稳定期。随着年龄的增长，幼儿对食物的偏好会趋于固定。这一阶段是养育者培养幼儿良好饮食习惯和口味偏好的最佳时期。

（四）婴幼儿味觉统合失调的表现

婴幼儿味觉统合失调有以下两种表现。

1. 味觉敏感

味觉敏感的婴幼儿通常比较挑食，只吃某一类食物，且口味比较清淡；在 2 岁以后依然偏爱糊状或质地很软的食物，在吃质地较硬的食物时，会有干呕现象；拒绝或极端害怕看牙医；不喜欢牙膏或漱口水的味道等。

2. 味觉迟钝

味觉迟钝的婴幼儿通常口味比较重，喜欢特别甜、酸、咸的食物；不愿意尝试新的食物；频繁地咬手指、衣服或其他物品；喜欢震动感强的牙刷；喜欢看牙医等。

二、婴幼儿味觉训练

婴幼儿味觉训练主要由养育者在家中循序渐进地开展。

在婴幼儿出现可以添加辅食的信号后，养育者就可以用小勺喂其苹果、香蕉、橙子、橘子等水果的果泥，这样既可以补充维生素，又可以刺激婴幼儿味觉的发展。

在婴幼儿的味觉发展趋于稳定后，养育者可以在家中开展以下训练。

品尝味道（1～1.5 岁）

训练目标

为幼儿提供味觉刺激，促进其味觉的发展。

扫一扫

品尝味道

训练准备

养育者准备糖水、盐水、白醋等颜色相同但味道不同的液体，以及若干容器。

训练过程

1. 养育者将这些液体加水稀释，让幼儿分别品尝这些液体的味道。需要注意的是，幼儿的味觉更敏锐，养育者配置的液体以成年人刚刚能品尝出味道的浓度为宜。

2. 养育者可以在幼儿品尝这些液体时，重复这些味道的名称，以加深他们对这些味道的记忆。

训练延伸

养育者在幼儿能够准确分辨味道后，可以加大训练难度，开展味觉灵敏度练习。以甜度练习为例，养育者可以找 3 个容器，在每个容器中都放入 25 g 白糖，然后在 3 个容器中分别倒入 100 mL、200 mL、400 mL 的水，最后让幼儿品尝并说出哪个容器中的糖水味道最甜。

模块七 嗅觉训练

应用场景

2岁多的蕾蕾无论到哪里，都会要求打开窗户。大部分人不会觉得不适的气味（如清洁剂、空气清新剂的气味），蕾蕾都难以接受。而且每次只要闻到她不喜欢的气味，她都会说“臭”，并表现出眩晕、恶心等不良反应。家里人总是会依着她，尽量不让她闻到她不喜欢的气味。但是在蕾蕾上了托班之后，她仍然我行我素，导致很多小朋友不愿意和她玩。

蕾蕾的家长在给蕾蕾做了感觉统合测评后，发现蕾蕾的嗅觉敏感，因此特来咨询感觉统合训练专家。专家建议蕾蕾的家长可以通过玩游戏、讲故事等方式，引导蕾蕾正确认识和理解气味，逐步改善嗅觉敏感问题。

思考：嗅觉统合失调有哪些表现？养育者可以采取哪些措施改善婴幼儿的嗅觉统合失调问题？

新手指导

一、嗅觉基础知识

（一）嗅觉的形成

嗅觉感受器（见图2-31）位于上鼻道及鼻中隔后上部的嗅上皮（嗅黏膜表面的上皮）。嗅上皮中的嗅细胞是一种双极神经元，其树突伸向鼻腔，末端有4～25条嗅觉纤毛。气味分子进入鼻腔，刺激嗅细胞末端的嗅觉纤毛，从而产生了神经冲动。神经冲动经嗅细胞的轴突传导至嗅球（与嗅神经相连的扁平椭圆体），随后传递至大脑皮层中的嗅觉中枢，经过大脑的分析与整合，形成嗅觉。

温馨贴士

双极神经元是指具有两个突起的神经元。双极神经元胞体（核心部分）的一端发出树突，分布至周围，接受刺激并将神经冲动传向胞体；胞体的另一端发出轴突，伸向中枢。

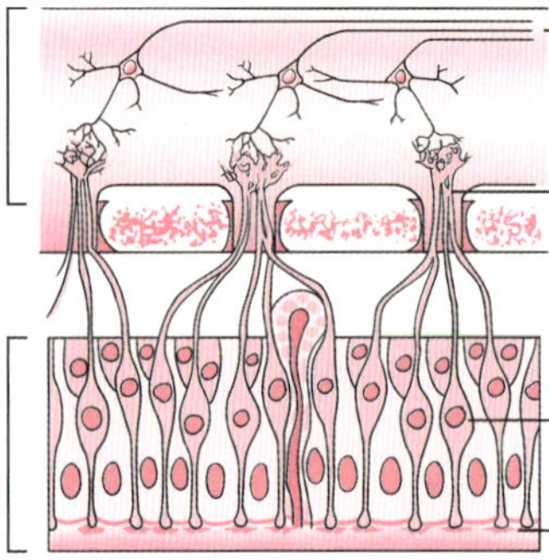

图 2-31 嗅觉感受器示意图

（二）嗅觉的功能

嗅觉和味觉常常一起发挥作用，因此嗅觉与味觉具有类似的功能。

1. 分辨功能

分辨功能是指个体能通过分辨环境当中气味的属性来认识事物的能力。例如，人能通过嗅觉分辨苹果和橘子。嗅觉的分辨功能使个体能多方位地感知外界环境，从而增强个体的适应能力。

知识视窗

人能分辨的基本气味

一般来说，人能分辨以下基本气味。

（1）木质或树脂味。这类气味包括霉味、烟味等，使人产生深沉、厚重的感觉，有时会使人产生不愉快的感觉。

（2）柑橘属水果味。这类气味是指柠檬、柚子等柑橘属水果所散发的清新、酸甜的刺激香味，能够让人神清气爽，具有提神醒脑的作用。

（3）非柑橘属水果味。这类气味是指草莓、香蕉等非柑橘属水果所散发的香味，这类气味相对清淡，与柑橘属水果所散发的刺激香味形成鲜明对比。

（4）腐臭味。这类气味通常与变质、腐败的物质相关，如汗液、粪便及食物腐败发出的臭味，具有强烈而独特的气味特征。

（5）焦糖味。这类气味包括爆米花、花生酱、坚果等散发的气味，具有烘烤或焦香特点，会让人联想到温馨的家庭氛围或节日庆典。

此外，人还能分辨化学气味、薄荷油味、甜味等基本气味。基本气味以不同组合和浓度，构成了人们日常生活中感知到的各种复杂气味。

2. 防御功能

防御功能是指个体能通过分辨环境中的气味，判断其会不会对身体造成伤害的能力。例如，人闻到刺激性气味会下意识地捂住口鼻。

3. 记忆功能

记忆功能是指个体能将闻过的气味储存在大脑里，并在下次闻到该气味时分辨出此气味是什么物质发出的能力。嗅觉的记忆功能可以帮助人们认识、分辨生活当中的事物，也能引发人们强烈的情感反应和心理体验。

（三）婴幼儿嗅觉的发展阶段

婴幼儿嗅觉发展的各个阶段如下。

1. 胎儿期

胎儿在 6 个月左右时，嗅觉器官已基本发育成熟。此时，胎儿在母体内就能嗅到羊水的气味。

2. 新生儿期

新生儿出生后不久就具有嗅觉反应能力。他们能够嗅到母乳的气味，从而准确找到乳头的位置。

3. 婴儿期

随着婴儿的成长，他们开始学会通过嗅觉识别环境中的人和物。他们会因为闻到熟悉的气味而感到安心，因为闻到不喜欢的气味而表现出不安或拒绝。

4. 幼儿期

这一阶段的幼儿，嗅觉能力进一步精细化，他们能更准确地分辨不同种类的气味，并对气味做出更复杂的反应。例如，幼儿可以通过气味来识别食物、玩具或其他物品，并逐渐形成对气味的偏好。

（四）婴幼儿嗅觉统合失调的表现

婴幼儿嗅觉统合失调主要有以下两种表现。

1. 嗅觉敏感

嗅觉敏感的婴幼儿总能闻到别人注意不到的气味，对大多数人能接受的气味不认可；拒绝吃某些食品；会因为别人家里的气味，拒绝去做客；讨厌香水、清洁用品的气味，讨厌油烟味，讨厌卫生间的气味；有时候会通过一个人的气味来决定自己是否喜欢这个人。

2. 嗅觉迟钝

嗅觉迟钝的婴幼儿比一般人更难察觉异味、臭味；很难分辨不同味道；对食物的好恶不明显，或在选择食物时更多地依赖视觉或其他感官。

二、婴幼儿嗅觉训练

养育者可以利用生活中的食物、花草等气味，或香皂、爽身粉等带有香味的物品，对婴幼儿开展嗅觉训练。

养育者可以在家中开展以下嗅觉训练。

闻气味（1～3岁）

训练目标

为幼儿提供丰富的嗅觉刺激，促进其嗅觉的发展。

扫一扫

闻气味

训练准备

养育者准备10个瓶子、5种香料（如桂皮、香叶、花椒、豆蔻、八角等）。

训练过程

1. 养育者将10个瓶子平均分为两组，一组作为样本，一组用来训练。养育者在两组瓶子中分别放入5种香料，并盖紧盖子。
2. 养育者蒙上幼儿的眼睛，随机从样本组中选择一个瓶子，让幼儿闻瓶中的气味。
3. 养育者让幼儿在训练组中找出气味相同的瓶子。

训练延伸

养育者可以将香料替换成具有挥发性的液体，如醋、香水等，让幼儿熟悉更多物品的气味。

学以致用

一、不定项选择题

1. 下列关于前庭觉功能的说法中，不正确的是（　　）。

   A. 前庭觉负责接收和过滤来自各关节、肌肉，以及脸部正前方的各种感觉信息

   B. 一个人想要在运动中维持平衡，视觉、前庭觉、本体觉系统都要起作用

C．前庭觉有助于维持人的情绪稳定，从而影响人的行为

D．人体在静止时，不会产生前庭觉

2．婴幼儿前庭觉专业训练包括（　　）。

A．摇晃训练　　B．旋转训练

C．平衡训练　　D．跳跃训练

3．下列关于触觉的说法中，正确的有（　　）。

A．触觉感受器平均分布于皮肤表面

B．头面部的触觉感受器分布较为密集，属于高敏感区域

C．触觉与婴幼儿情绪发展、亲子依恋关系的建立有重要联系

D．婴幼儿出生后，触觉才开始发育

4．（　　）的玩具可以为婴幼儿提供触觉刺激。

A．带有香气　　B．可以发声

C．操作性强　　D．色彩鲜明

5．下列关于意识性本体觉的说法中，正确的有（　　）。

A．意识性本体觉是将本体觉信息传递至大脑皮层

B．意识性本体觉是将本体觉信息传递至小脑皮层

C．意识性本体觉在运动控制、姿势维持、空间感知等方面发挥着至关重要的作用

D．意识性本体觉对于保持身体的稳定性、防止摔倒等意外情况的发生具有重要意义

6．婴幼儿本体觉统合失调通常表现出（　　）。

A．动作不协调，走路容易摔倒

B．方向感很好，喜欢玩捉迷藏游戏

C．不会系鞋带、扣纽扣、用筷子

D．难以长时间集中注意力于某一视觉对象上

7．视觉的（　　）功能是指大脑对眼睛所看到的事物保留印象的能力。

A．联想　　B．记忆

C．辨别　　D．追踪

8．下列各项训练中，能提高婴幼儿视觉追踪能力的是（　　）。

A．水钢琴　　B．定点投球

C．画鼻子　　D．看图说话

9．养育者为刺激婴幼儿的听觉发展，可以（　　）。

A．呼唤婴幼儿的名字　　B．播放柔和的音乐

C．提供各种发声玩具　　D．让婴幼儿听大自然的声音

10．婴幼儿味觉敏感通常表现出（　　）。

A．挑食，只吃某一类食物，且口味比较清淡

B．拒绝或极端害怕看牙医

C．频繁地咬手指、衣服或其他物品

D．喜欢看牙医

二、判断题

1．胎儿在母体内就能对移动和重力有所感知，这种感知虽然微弱，但为其后续的前庭觉发展奠定了基础。（　　）

2．在婴幼儿前庭觉训练初期，指导者应选择刺激强度较小的训练方式，如旋转训练、跳跃训练等；在训练后期，指导者可以选择摇晃训练等刺激强度较大的训练方式。（　　）

3．当婴幼儿手的触觉探索活动发展起来以后，口腔触觉探索活动逐渐退居次要地位。（　　）

4．通过剖宫产术出生的婴幼儿，由于在出生时没有经过产道的挤压，其受到的触觉刺激较少，有较高的概率出现触觉迟钝。（　　）

5．由于关节部位的本体觉感受器敏感性相对较差，指导者需要进行专门的挤压、揉搓、牵拉等训练，以增加运动刺激，促进关节部位的本体觉发展。（　　）

6．养育者可以在家中开展婴幼儿本体觉静态训练，侧重训练婴幼儿的精细动作，培养其生活自理能力等。（　　）

7．一般来说，2 岁左右的幼儿，能分辨几何图形，具备基础认知，开始拥有深度知觉，空间感提高。（　　）

8．嗅觉的记忆功能可以帮助人们认识、分辨生活当中的事物，也能引发人们强烈的情感反应和心理体验。（　　）

三、案例分析题

金阳光感觉统合训练室的老师让家长们参与到亲子互动游戏中。为了方便家长们选择，老师简要介绍了每个互动游戏的游戏规则。

袋鼠跳跳跳：一对亲子组合为一组，幼儿扮演小袋鼠进入跳袋中，家长扮演袋鼠爸爸或袋鼠妈妈站在幼儿后面并捏住跳袋两角，家长与幼儿一起从起点跳到终点。用时最短的一组获胜。

传话游戏：多对亲子组合为一组，家长与幼儿交替站成一列并戴上隔音耳机。老师将要传话的内容以卡片的形式展示给排头的家长，给家长 20 秒时间传话给后排的幼儿，然后幼儿用 20 秒时间传话给后排的其他家长，如此重复。最后一名幼儿将卡片上的内容复述得最完整的一组获胜。

齐心协力：一对亲子组合为一组，幼儿负责按照指定路线（路线上有用万象组合搭建的障碍物）获取奇智砖，家长将幼儿运回的奇智砖垒高。规定时间内，垒得最高的一组获胜。

阅读以上材料，并回答问题。

1. 小天存在轻度本体觉失调，如果他想获胜，小天和妈妈可以选择哪个游戏？如果小天想挑战自己，他们可以选择哪个游戏？

2. 假如你是负责“齐心协力”游戏的老师，请简述这个游戏的目标及准备活动。

躬行实践

实践背景

金阳光感觉统合训练室的开放日活动取得圆满成功，许多前来参观的家长都为孩子报了名，准备参加感觉统合训练。假如你是金阳光感觉统合训练室的老师，请以小组为单位，完成以下情景模拟活动。

实践目的

强化学生对感觉相关基础知识的理解与掌握，使学生能够根据婴幼儿感觉统合的实际情况设计合理且具有针对性的训练。

实践准备

1. 学生分成若干小组（3～5 人为一组），并选出组长。

2. 每个小组由组长抽签决定本小组需要模拟的具体情景（也可自己设计其他类似情景）。

（1）小艺（2 岁）存在触觉敏感的情况，小艺的家长咨询在家中可以开展哪些触觉训练。

（2）跳跳（2 岁 6 个月）走路容易摔倒，动作不太协调，不会自己系鞋带、扣纽扣、用筷子。跳跳的家长咨询在家中可以开展哪些本体觉训练。

（3）感觉统合训练室新添置了一批器材，包括大龙球、平衡台、滑板等。请利用这些器材设计前庭觉训练。

实践过程

1. 小组成员合作编写脚本，并分配任务。
2. 负责表演的小组成员在课下排练并演绎，负责拍摄的小组成员录制并剪辑。
3. 各小组将制作好的情景剧在课堂上展示，教师与其他学生进行提问或发表意见。
4. 班级内评选出剧情最合理、拍摄最好的一组。

请按要求完成实践，并填写表 2-3 和表 2-4。

表 2-3　小组成员及分工情况

<table>
<tr><td>班级</td><td></td><td>组号</td><td></td><td>指导教师</td><td></td></tr>
<tr><td>小组成员</td><td>姓名</td><td>学号</td><td colspan="3">任务分工</td></tr>
<tr><td>组长</td><td></td><td></td><td colspan="3"></td></tr>
<tr><td rowspan="4">组员</td><td></td><td></td><td colspan="3"></td></tr>
<tr><td></td><td></td><td colspan="3"></td></tr>
<tr><td></td><td></td><td colspan="3"></td></tr>
<tr><td></td><td></td><td colspan="3"></td></tr>
</table>

表 2-4　实践过程记录表

负责人、时间、任务分配	实施步骤
	1. 小组成员根据所选情景编写脚本
	2. 负责表演的小组成员排练情景剧
	3. 情景剧排练好后，负责拍摄的小组成员录制并剪辑
	4. 各小组代表在课堂上展示情景剧，教师和其他学生进行提问或发表意见
	5. 班级内评选出剧情最合理、拍摄最好的一组
	6. 记录实践活动中遇到的问题或心得体会

学习成果评价

请根据学习和实践情况，填写学习成果评价表（见表 2-5）。

表 2-5 学习成果评价表

姓名		班级		日期	
学号			指导教师		
项目名称	感觉统合基础训练				
评价维度	一级指标	二级指标	评价标准	分值	评分
知识评价	专业知识	了解各种感觉相关基础知识	能够答对相应的习题，了解各种感觉的形成、功能，婴幼儿各种感觉的发展及各种感觉统合失调的表现	15	
		熟悉各类感统训练器材	熟悉各类感统训练器材的基础用法，并能够灵活运用	10	
		掌握婴幼儿感觉统合训练方法	能够答对相应的习题，掌握针对各种感觉统合的专业训练方法和家庭训练方法	15	
能力评价	专业能力	设计具有针对性的训练方案，并指导婴幼儿完成训练	能够根据婴幼儿的具体情况，开展具有针对性的感觉统合训练	10	
		设计简便可行的训练方案，并指导婴幼儿完成训练	能够利用生活中的常见物品，开展婴幼儿感觉统合家庭训练	10	
素养评价	综合素质	具有敏锐的观察力和创新意识	能够尊重婴幼儿的个体差异，制订合理且新颖的训练方案	10	
实践评价	小组实践成果	小组成员合作完成情景剧的演绎和拍摄	小组成员分工明确，计划翔实，时间安排合理，情景剧剧情合理	15	
	个人实践成果	撰写心得体会	心得体会真实可信，内容深刻	15	
总分				100	

第三篇

感觉统合综合训练

本篇导读

感觉统合是婴幼儿智力发展的基础。感觉统合功能良好的婴幼儿能够更有效地接收、处理和整合各种感觉信息，为其智力发展提供丰富的信息基础。本篇从语言能力、注意力、记忆力、想象力、观察力等不同方面入手，为养育者提供提升婴幼儿智力的日常训练方法。

学习目标

知识目标

- 了解婴幼儿智力发展的相关知识。
- 熟悉感觉统合对于婴幼儿智力发展的影响。
- 掌握提升婴幼儿智力的日常训练方法。

技能目标

- 能够根据婴幼儿智力发展的规律，设计合理的训练方案并指导实施。
- 能够在日常感觉统合训练中，充分考虑婴幼儿的个体发展差异，因材施教。

素养目标

- 具有探索精神，不断探索开发婴幼儿智力的感觉统合训练。
- 增进与养育者之间的信任，认真听取养育者的意见和建议，共同促进婴幼儿的健康成长。

模块一 语言能力的训练

应用场景

小迪快2岁时，虽然能听懂大人的一些指令，但是会说的话很少，只会喊“爸爸”“妈妈”。小迪的父母有些着急，但是小迪的爷爷总是说：“常言道‘贵人语迟’，聪明的小孩说话晚。小迪的爸爸小时候说话也晚，不是也没什么事吗？”

如今，小迪2岁多了，同龄的小朋友都可以唱儿歌、背古诗了，他只会说“妈妈抱抱”“宝宝要”之类的双词句。小迪的父母前往专业机构咨询小迪语言发育迟缓的问题，希望能通过日常训练提升小迪的语言能力。

思考：“贵人语迟”的正确含义是什么？养育者可以通过哪些训练提升婴幼儿的语言能力？

新手指导

一、婴幼儿语言能力的发展阶段

语言是指由语音、词汇和语法规则组成的符号系统，它既是人类交流的工具，也是人类发展认知和情感的重要基础。语言能力是指个体在与他人交往时，运用语言顺利传递信息的一种能力，包括发声、组句、对话、阅读、写字等。

语言能力是婴幼儿智力的重要体现，其发展阶段具体如下。

（一）前语言阶段

0～1岁的婴儿处于前语言阶段。最初，婴儿主要通过哭声、笑声来表达需求和情感。婴儿3个月大时，会发出ba-ba、ma-ma、da-da等单音节语音。但对婴儿来说，他们发出的这些声音并无具体意义，他们只是以发音为乐。随着月龄的增长，婴儿开始模仿成人的语言，并逐渐形成发音和语调的基础。

问题聚焦

大乔和小乔是一对4个月大的双胞胎。他们虽然还不会说话，只能发出ɑ、o、u、e之类的音节，但是经常你一言我一语，说到高兴处还会手拉手笑起来，好像真的能听懂对方说的话。这是为什么呢？

（二）单词句阶段

温馨贴士

单词句是指幼儿用一个单词来表达成人需要用一个句子才能表达的内容的语言形式。

1～1.5岁的幼儿处于单词句阶段。这一阶段的幼儿能理解的语言大量增加，但是会说的词语相对较少。通常，幼儿最先理解的是他们经常接触到的人或物的名称、一些常用动词，以及养育者经常让他们做的事情。幼儿开始使用单词代替之前的非语言行为来表达他们的需求和想法，但语句的表达并不完整，需要成人根据情境、语调等推测出幼儿想要表达的意思。例如，当幼儿说“球球”时，可能表达的是“我要球球”“这是球球”等意思。

（三）多词句阶段

1.5～2岁的幼儿处于多词句阶段。随着词汇量的积累，幼儿会经历一个所谓的“词汇爆炸期”。这一阶段，幼儿快速学习新词汇，并将这些词汇应用于更多的语境中。与此同时，幼儿也开始运用更复杂的句子结构，如“妈妈抱”等多词句，来表达更丰富的概念和关系。

温馨贴士

多词句是指两个或更多单词组成的句子。多词句虽然在表达内容时比单词句明确，但其仍是简略、断续、不完整的。

（四）简单句阶段

2～3岁的幼儿处于简单句（语法结构完整的单句）阶段。这一阶段的幼儿语言能力进一步发展，开始掌握基本的语法规则。他们逐渐理解句子的结构，学会使用时态、数词、代词等语法元素，并能进行简单的对话和叙述。尽管幼儿对语法规则的掌握尚不完全，但他们已经能用语言进行较复杂的沟通。

二、感觉统合对婴幼儿语言能力发展的影响

婴幼儿语言能力的发展受多种因素的影响。在婴幼儿听觉器官及发音器官（如声带、口腔、鼻腔等）没有出现病变的情况下，感觉统合失调是阻碍婴幼儿语言能力发展的主

要原因。感觉统合对婴幼儿语言能力发展的影响具体如下。

首先，婴幼儿主要通过听觉接收语言信息，进而模仿和学习语言。如果婴幼儿在成长过程中缺乏足够的听觉刺激，如缺乏与成人的语言交流、缺乏丰富的语言环境等，就会导致其听觉能力发展不足，进而影响其语言理解和表达能力。

其次，婴幼儿通过视觉接收身体语言信息，来辅助理解语言的含义和发音。如果婴幼儿缺乏足够的视觉刺激，长时间处于单调的视觉环境中，就会影响其视觉－语言整合能力的发展。

> **温馨贴士**
>
> 身体语言是指通过手势、面部表情等表达思想的非语言沟通方式。

最后，在婴幼儿语言能力发展中，前庭觉、本体觉等的作用虽然不如听觉和视觉那样显著，但仍然具有一定影响。例如，本体觉失调的婴幼儿可能会因为舌头或嘴唇的控制不良而出现发音不清晰的问题。感觉刺激的多样性有助于促进婴幼儿的大脑发育，为其语言能力发展提供坚实的基础。

三、婴幼儿语言能力的日常训练

生活是语言的源泉，婴幼儿通常在与周围环境的信息交换，以及与具体的人或事物的接触中积累语言材料。家庭、托育机构、社区等环境，都是婴幼儿语言学习的重要场所，周围人的语言习惯、交流方式等会直接影响婴幼儿语言能力的发展。

养育者可以根据婴幼儿语言能力的发展阶段开展语言训练。

（一）前语言阶段的训练

养育者对0～6月龄的婴儿开展语言训练，主要目标是使其感受语言的魅力，为其语言发展打下基础。养育者可以给婴儿唱儿歌、讲故事，还可以给婴儿介绍他们看到的事物，让他们从语言中获得积极的体验。

养育者对7～12月龄的婴儿开展语言训练，主要目标是引导其学习简单发音，帮助其理解简单词汇，引导其表达需求。例如，当婴儿用手指向桌上的香蕉时，养育者不应直接将香蕉剥好皮喂婴儿吃，而是要问“宝宝是不是想吃香蕉？”，在得到其肯定的回应后，再喂婴儿吃香蕉。

此外，笑或哭都能锻炼婴儿的口腔肌肉，对婴儿学习说话具有很大帮助。养育者可以经常逗引婴儿发笑；在婴儿啼哭时，在不影响其健康的情况下，不要急于安抚，可以让婴儿多哭一会儿。

需要注意的是，在前语言阶段，养育者和婴儿说话时应尽量使用儿语。

知识视窗

养育者使用儿语的要点

儿语，又称“儿向语言”，是指专门说给婴幼儿、适应其语言和认知能力的语言。在使用儿语时，养育者要发音清晰、吐字缓慢、语调夸张、富有感情，多使用短句，且经常使用叠词来加重关键字，使语言更易于被婴幼儿理解。

在使用儿语时，养育者还要注意以下几点。

（1）鼓励互动。养育者可以通过提问、回应、模仿等方式与婴幼儿进行互动，激发其学习语言的兴趣和积极性。同时，养育者要注意观察婴幼儿的反应，根据实际情况调整语言方式。

（2）分阶段使用。在婴幼儿刚开始学习说话时，养育者可以大量使用儿语。但随着婴幼儿年龄的增长和语言能力的发展，养育者应逐渐减少儿语的使用，更多使用成人化的语言，以帮助婴幼儿掌握更复杂的语言结构。

（3）保持一致性。家庭成员之间应相互沟通、协商，共同确定并采用一种适合婴幼儿的语言方式，避免给婴幼儿带来混乱。

（二）单词句阶段的训练

养育者对1～1.5岁的幼儿开展语言训练，主要目标是使其通过听觉积累语言材料，并从这些材料中学习语言的基本规则。

养育者可以通过以下训练，提高幼儿的语言能力。

听儿歌，做动作（1～1.5岁）

扫一扫

听儿歌，做动作

训练目标

促进幼儿对语言的理解，激发幼儿开口说话的兴趣。

训练准备

养育者准备有关动物叫声的儿歌。

训练过程

养育者引导幼儿跟随儿歌的旋律模仿小动物的动作。在幼儿模仿时，养育者可以用语言强化幼儿模仿的动作，如骑马时的“驾”，并鼓励幼儿也说出强化词，使幼儿明白动作与语言的对应关系。

训练延伸

养育者可以在日常生活中引导幼儿学习各种动物的叫声，如狗的“汪汪汪”、猫的

"喵喵喵"、羊的"咩咩咩"等，加深幼儿对语言的理解。

（三）多词句阶段的训练

养育者对 1.5～2 岁的幼儿开展语言训练，主要目标是培养其正确发音，并引导其将已经掌握的词汇连接起来，构成一句话的主要框架。例如，养育者引导幼儿从说"妈妈""爸爸""灯"等单词句开始，逐渐发展到说"妈妈走""爸爸拿""灯亮"等多词句。

养育者可以通过以下训练，提高幼儿的语言能力。

看图说话（1.5～2 岁）

训练目标

1. 培养幼儿正确发音，并将已经掌握的词汇组成完整的话。
2. 培养幼儿的注意力和观察力。

训练准备

养育者准备一张画有太阳、大树和小草的图片。

训练过程

1. 养育者和幼儿一起看图片，养育者分别指着图片中的太阳、大树和小草，问幼儿"宝宝，你看这是什么？"，然后引导幼儿观察这些物体的特征。

2. 在幼儿观察的同时，养育者教幼儿说"红红的太阳、高高的大树、绿绿的小草"。重复多次，直至幼儿能正确说出养育者所指的物体。

训练延伸

养育者可以将不同图片贴在墙上，经常与幼儿做看图说话的游戏，巩固幼儿所掌握的词汇。

（四）简单句阶段的训练

养育者对 2～3 岁的幼儿开展语言训练，主要目标是鼓励其用语言表达需求和感受，让其能够有条理地表达自己的想法。

养育者可以教幼儿以下内容，提高幼儿的语言能力。

（1）语言的逻辑关系。养育者可以在幼儿掌握主谓宾结构后，引导幼儿将句子延长。例如，在幼儿玩耍时，养育者在一旁用复合句提问"这个气球是谁的，那辆小车又是谁的？"，让幼儿顺着提问回答"这个气球是我的，那辆小车是他的"。

（2）儿歌、古诗等。由于儿歌、古诗等内容短小且押韵，幼儿记忆起来通常比较轻松。养育者可以结合幼儿看到的实景唱儿歌或者朗诵古诗，以丰富幼儿的表达。例如，在幼儿看到湖里的大白鹅时，养育者可以指着大白鹅朗诵《咏鹅》。

（3）复述故事。养育者可以鼓励幼儿复述绘本或动画片中的故事。如果幼儿只能用非常简单的短句来复述，养育者可以协助其用关联词将短句连成长句，并让幼儿再复述一遍。养育者应引导幼儿使用新学的词汇和句子结构复述故事，从而加深其对词汇的理解，巩固其对词汇和句子结构的运用。

模块二　注意力的训练

应用场景

小满（3岁）最初上感觉统合训练课的时候总是走神，不论周围有什么声响，他都要看看。在和其他小朋友玩耍时，小满经常抢别人的玩具，甚至还故意咬人，导致其他小朋友都不愿意和他玩。

最近，在触觉训练中，老师用到了大龙球。小满非常喜欢大龙球游戏，并且对于触觉刺激表现出了不同寻常的接受度，一点也不怕痒。经过一段时间的触觉训练，小满的注意力变得更集中了，与其他小朋友的关系也更和谐了。

思考：感觉统合对婴幼儿注意力有哪些影响？养育者可以通过哪些训练提高婴幼儿的注意力？

新手指导

一、婴幼儿注意力的发展阶段

注意力是指个体在特定时间内，集中精神于某一对象或活动的能力。注意力集中的人，往往能集中精力去清晰感知特定事物，深入思考特定问题，而不被其他事物所干扰。注意力不集中的人，不仅其学习效率会受影响，其记忆力、观察力、想象力的发展也会受到一定的限制。

婴幼儿注意力的发展大致可以分为以下几个阶段。

（一）初步反应和觉察阶段

> **温馨贴士**
>
> 无条件的定向反射是指当环境中出现某种新的刺激时，个体会不自觉地去注意它，属于一种不随意注意。

0～3 月龄的婴儿处于初步反应和觉察阶段。这一阶段，婴儿的视觉和听觉系统尚未完全发育，对周围环境只有初步的反应和觉察，他们的注意主要是无条件的定向反射。例如，婴儿会因周围环境中的强光等刺激而暂停吸吮和手脚的动作，视线在刺激源上停留片刻。

（二）短暂注意阶段

4～6 月龄的婴儿处于短暂注意阶段。这一阶段，婴儿对头部的控制能力增强，能够通过抬头、转头等动作去观察事物；双手的触摸和抓握动作也更加灵活。这些都促进了婴儿注意力的发展，使他们能够积极主动地关注并观察感兴趣的事物，但这一阶段婴儿的注意持续时间较短。

（三）随意注意萌芽阶段

> **温馨贴士**
>
> 随意注意是指一种自觉的、有预定目的的、经过意志努力而产生和保持的注意。

7～12 月龄的婴儿处于随意注意萌芽阶段。这一阶段，婴儿的注意具有了社会性，他们不仅积极地注意环境中的各种物品，更积极地注意人的表情、活动，喜欢与人在一起。同时，他们的注意有了一定的选择性，开始表现出随意注意的萌芽，如选择性抓握、选择性吸吮等。

（四）随意注意发展阶段

1～3 岁的幼儿处于随意注意发展阶段。随着语言能力的发展，这一阶段的幼儿能够听懂很多话，语言活动开始支配他们的注意选择。1 岁以后，幼儿逐渐能独立行动，并能灵活运用双手，也能依照养育者的指令完成一些简单的任务。幼儿在根据指令完成任务的过程中，促进了随意注意的发展。

例如，在养育者对幼儿说“你去取绘本，我们一起读”后，幼儿就会去书架上取下绘本并与养育者一起阅读。在这个过程中，养育者的语言支配了幼儿的注意力。

二、感觉统合对婴幼儿注意力发展的影响

影响婴幼儿注意力发展的因素众多，如遗传和生理因素、教育教养方式、生活环境等。其中，感觉统合失调是影响婴幼儿注意力发展的主要因素，其影响具体如下。

首先，前庭觉统合失调是造成婴幼儿注意力缺陷的主要原因。前庭觉是大脑的门槛，当前庭觉统合失调时，外界信息特别容易进入大脑，婴幼儿容易受到无关信息的干扰，从而出现注意力不集中、注意持续时间短等现象。例如，一个前庭觉统合失调的婴幼儿正在听妈妈讲故事，突然被面前飞过的小鸟所吸引，注意力发生转移，不再认真听妈妈讲故事。

其次，触觉统合失调是造成婴幼儿注意力缺陷的又一重要原因。触觉统合失调表现为触觉敏感或触觉迟钝，这两种情况都会导致婴幼儿注意力不集中。触觉敏感的婴幼儿接收外界信息的阈值过低，抗干扰能力较弱，外界很小的刺激就会引起其关注和反应，从而容易出现注意力不集中的现象。触觉迟钝的婴幼儿接收外界信息的阈值过高，他们无法持续感知和响应外界刺激，因此在需要触觉信息连续输入的任务中容易感到疲惫或不适，从而难以保持专注。

最后，本体觉与婴幼儿注意力之间也存在密切联系。婴幼儿本体觉统合失调会导致其感知空间、方位、距离和自身位置的能力不足，他们会出现动作笨拙、身体不协调等情况，这些情况会分散他们的注意力，使他们难以专注于某项任务。

课堂互动

婴幼儿注意力不集中有多种原因。养育者的行为也会对其产生影响，如养育者过度娇惯婴幼儿、给婴幼儿买太多玩具等。你还能举出哪些例子？

三、婴幼儿注意力的日常训练

对于 0～1 岁的婴儿，养育者可以通过以下方式为其注意力发展打下基础。

（1）创造有序且安静的环境。养育者应保持婴儿活动区域的整洁、安静，避免婴儿接收过多的视觉和听觉刺激，以减少婴儿分心的因素，有助于婴儿更好地集中注意力。

（2）培养良好的生活习惯。养育者应为婴儿建立良好的作息规律，如按时吃饭、睡觉和活动等，这有助于婴儿形成良好的生活习惯和注意力习惯。此外，养育者要避免让婴儿过早接触电视、手机等电子产品，以免影响其注意力发展。

（3）进行亲子互动游戏。养育者可以用简单的玩具，如摇铃、手抓球等，吸引婴儿的注意力，同时锻炼他们的手眼协调能力。

对于 1～3 岁的幼儿，养育者可以开展以下注意力训练。

戴帽子游戏（1～2岁）

扫一扫

戴帽子游戏

训练目标

1. 提高幼儿的注意力。

2. 提高幼儿对形状、颜色和大小的认知。

训练准备

养育者准备形状、颜色、大小有明显区别的若干瓶子和瓶盖，并将瓶子和瓶盖分成两组。

训练过程

1. 养育者向幼儿讲解和示范如何为瓶子“戴上正确的帽子”，即找到与瓶子相对应的瓶盖并拧上。

2. 养育者引导幼儿为每个瓶子“戴帽子”，直至所有瓶子都“戴上正确的帽子”。在此过程中，养育者应给予幼儿足够的思考时间，不要急于打断或提供帮助，让幼儿有机会自己完成任务。

拼图游戏（2～3岁）

训练目标

1. 提高幼儿的注意力。

2. 提高幼儿对形状的认知。

训练准备

养育者准备与幼儿能力相匹配的拼图（以幼儿喜欢的卡通形象为主）。

训练过程

1. 养育者为幼儿设定一个合理的目标，如“我们要在15分钟内将这20个小块图形拼合成一个完整的图形”。

2. 养育者告诉幼儿拼图的诀窍，如从边缘开始拼、将小块图形按照颜色分类等。在幼儿遇到困难时，养育者可以提供适当帮助，但是不要直接帮幼儿拼或告诉幼儿应该如何拼，而是要引导幼儿独立思考和解决问题。

3. 当幼儿完成拼图后，养育者应及时给予表扬和鼓励，让幼儿获得成就感。

训练延伸

养育者可以逐步提高拼图难度，使幼儿持续获得成就感，从而使幼儿保持对拼图游戏的热情。

模块三　记忆力的训练

应用场景

感觉统合训练室的小张老师发现班上的彤彤（2 岁 7 个月）总是忘记完成她交代的任务，学得也比别的小朋友慢。前一天下课前，小张老师嘱咐小朋友们回家要练习拍球，小朋友们都答应了。第二天课上，大部分小朋友都能拍好球，可是彤彤还是拍不好，她说自己回家后忘记练习了。

小张老师为了提升彤彤的记忆力，除了设计更加有趣的训练、在课上多次重复任务，还让彤彤的父母在家中帮彤彤复习课上所学的内容。一段时间后，彤彤的记忆力有了较大提升。

思考：婴幼儿记忆力发展有什么特点？养育者可以通过哪些训练提升婴幼儿的记忆力？

新手指导

一、婴幼儿记忆力的发展特点

记忆力是指大脑获得、保存和提取知识经验的能力，包括识记的敏捷性、保持的持久性、回忆的准确性和及时性。记忆力是智力的重要表现形式，也是个体储备知识经验，进行思维、想象等智力活动的前提。

记忆力的发展既表现出多阶段性，又表现出多层次性。在婴幼儿阶段，个体记忆力发展具有如下特点。

（一）记忆保持时间不断延长

婴幼儿记忆保持时间是由再认（当过去经历过的事物再次呈现时，大脑能够加以辨认的过程）潜伏期和再现（当过去经历过的事物不在眼前时，大脑将其回忆出来的过程）潜伏期的长短决定的。一般来说，随着年龄的增长，婴幼儿的记忆保持时间是不断延长的，大致的记忆保持时间如表 3-1 所示。

表 3-1 婴幼儿记忆保持时间

年（月）龄	记忆保持时间
2 月龄	24 小时
3 月龄	7 天
6 月龄	15 天
1.5 岁	13 周
1.5 岁之后	继续延长

（二）对情境依赖性逐渐降低

0～6 月龄的婴幼儿的记忆是高度依赖情境的，只有在相同情境下，他们的记忆力才能较好地发挥。随着年龄的增长，婴幼儿的身体运动能力不断提升，他们可以更好地掌握和支配自己的身体，在日常生活中经历的情境也越来越多。这种身体运动能力的发展和多样化的情境体验使得婴幼儿在记忆过程中逐渐摆脱对特定情境的依赖，开始将之前学到的知识和技能迁移到新的情境中，并灵活地应用。例如，即使玩具被移动到另一个位置，或玩具的特征发生了变化，婴幼儿仍然能够记住如何找到和操作这个玩具。

（三）以动作记忆和情绪记忆为主

婴幼儿记忆的类型和形式往往随着年龄的增长发生变化，但主要以动作记忆和情绪记忆为主。在 2 岁之前，受语言和认知发展的限制，婴幼儿主要通过不断的动作探索来感知世界。这些动作经验，如抓握、爬行、行走等，都会在婴幼儿的大脑中留下深刻的印象。同时，婴幼儿的记忆通常带有强烈的情绪色彩，他们会记住自己经历的各种情感体验，并因此喜爱、依恋、厌恶或害怕某些事物。

2 岁以后，随着语言和认知能力的提高，婴幼儿的语言 - 逻辑记忆开始逐渐增多。例如，幼儿可以记住一些简单的歌谣、故事。

二、感觉统合对婴幼儿记忆力发展的影响

感觉统合是婴幼儿记忆力发展的基础。通过视觉、听觉、触觉等，婴幼儿能够获取丰富的外界信息，在大脑中整合这些信息后形成记忆。具体来说，感觉统合对婴幼儿记忆力发展的影响体现在以下几个方面。

（一）提高记忆效果

婴幼儿通过整合来自不同感官的感觉信息，形成对事物的全面认识。感觉统合功能

良好的婴幼儿，在记忆时能够将多种感官体验与记忆内容相关联，使记忆更加高效、准确和持久，且不易受到干扰。例如，在学习新词汇时，如果婴幼儿能够听到这个词汇的发音、看到或触摸到这个词汇对应的物体，他就能更快地掌握这个词汇，并形成深刻的记忆。

（二）发展情绪记忆

婴幼儿在成长过程中会经历各种情感体验，这些情感体验往往与具体的事件或人物相关。感觉统合功能良好的婴幼儿能够更加敏锐地感知这些情感，并将情感与相关的记忆内容紧密联系在一起，促进情绪记忆的发展。

（三）使用记忆策略

> **温馨贴士**
>
> 记忆策略是指通过多种多样的意识活动（如复述、材料分类、精细加工等）辅助记忆的方法。

一般来说，婴幼儿的大脑还未充分发育，其常常以无意识的方式进行记忆。但是，感觉统合功能良好的婴幼儿能够灵活运用各种记忆策略，将新信息与已有知识建立联系，巩固和提取记忆信息。

例如，感觉统合功能良好的幼儿能够利用感觉差异来区分放糖果和放积木的盒子。尽管他们可能不会意识到自己正在使用什么样的记忆策略，但已经能够有效解决各种问题。

三、婴幼儿记忆力的日常训练

由于婴幼儿的记忆主要以形象记忆为主，他们对抽象内容的记忆表现得较为迟钝。养育者在训练婴幼儿记忆力时，可以通过展示图画、实物和讲故事等手段，用重复的方式训练其记忆力。在训练婴幼儿的记忆力时，养育者要注意以下几点。

（1）重视背诵。受知识和经验的限制，婴幼儿很难理解事物之间的内在联系、逻辑规律，需要通过背诵形成记忆。背诵不仅是一种有效的记忆方法，还可以培养和锻炼婴幼儿的记忆力。重复的刺激有助于婴幼儿条件反射的建立与强化，进而将所背诵的内容转化为长期记忆，长期记忆的形成是婴幼儿记忆力提升的重要标志。

（2）鼓励多感官参与记忆。养育者可以鼓励婴幼儿运用多种感官参与记忆活动。不同感官之间的交互作用可以提供更全面、更丰富的记忆体验，从而增强记忆效果。例如，养育者在教婴幼儿儿歌时可以加上动作，以加深其记忆。

（3）激发兴趣。对于需要婴幼儿记忆的内容，养育者应设法使其变得有趣。只有激发婴幼儿的兴趣，其大脑才会处于积极工作的状态，才能达到训练效果。

知识视窗

婴幼儿感兴趣且有意义的记忆内容

养育者在训练婴幼儿记忆力时，可以选择以下婴幼儿感兴趣且有意义的内容让其记忆。

（1）人名。养育者可以让婴幼儿记亲人的名字，也可以让婴幼儿记相关领域名人的名字。

（2）地名。养育者可以每天指着地图讲一个省或市的名称，并介绍与地名相关的故事。久而久之，婴幼儿不仅能记住很多地方的名称和典故，还能记住方位，积累丰富的常识。

（3）植物名。养育者可以指着植物园或图片里的植物给婴幼儿讲植物的名称。

养育者可以通过以下训练，提高婴幼儿的记忆力。

藏玩具（1岁左右）

扫一扫

藏玩具

训练目标

锻炼婴幼儿的注意力和记忆力。

训练准备

养育者准备婴幼儿喜欢的玩具，如小铃铛或橡皮小鸭子。

训练过程

1．养育者将婴幼儿喜欢的玩具，如小铃铛、橡皮小鸭子，藏在左手里，然后把双手背到身后，再把双手伸到婴幼儿面前并打开，让其看见左手握的玩具。

2．重复几次后，养育者将紧握的双手伸到婴幼儿的面前，观察婴幼儿会看向哪只手。如果婴幼儿看向养育者的左手，说明婴幼儿记住了玩具在哪儿。

训练延伸

养育者可以隔几天再重复这个游戏，观察婴幼儿能否第一时间看向握着玩具的那只手。

拍拍手（1～2岁）

扫一扫

拍拍手

训练目标

锻炼幼儿的注意力和记忆力。

训练过程

1．养育者先多次拍手，然后让幼儿重复。

2. 养育者先让幼儿闭上眼睛听自己拍了几下手，然后让幼儿重复。

训练延伸

养育者可以循序渐进地提高训练难度，如拍手的次数由少到多、速度由慢到快、节奏由单调到富于变化等。

重复手势（2~3岁）

训练目标

锻炼幼儿的注意力和记忆力。

训练准备

养育者应掌握3个及3个以上不同的手势，如石头、剪刀、布。

训练过程

1. 养育者依次做3个手势，让幼儿按顺序照做。在做手势前，养育者应提示幼儿注意观察，并告知其在自己做完所有手势后再根据记忆按顺序照做。

2. 养育者调换手势的顺序或换3个新手势，让幼儿按顺序照做。

训练延伸

待幼儿能够顺利回忆3个手势并照做后，养育者可以增加手势的数量，提高记忆难度。

我爱涂鸦（3岁左右）

训练目标

1. 锻炼幼儿的注意力和记忆力。

2. 发展幼儿手部精细动作。

训练准备

养育者准备彩色画笔和绘图本。

训练过程

1. 每次外出时，养育者可以提醒幼儿仔细观察那些他们感兴趣的事物。

2. 回家后，养育者可以让幼儿回忆外出时看到的、感兴趣的事物，并通过涂鸦的方式将其记录下来。

3. 每隔一段时间，养育者可以与幼儿共同欣赏绘图本上的涂鸦，并询问其是否还记得所画内容及细节。

模块四 想象力的训练

应用场景

为了让感觉统合训练更有趣，小张老师经常会将训练和故事结合起来。通常情况下，小张老师只需要讲一个开头，小朋友们很快就可以根据自己的角色编出后面的故事。有时，小朋友们还会根据感觉统合训练器材的形状，给这些器材起名字。

一次，小张老师在前庭觉训练中给小朋友们讲了“小青蛙的故事”。小朋友们非常感兴趣，都要当勇敢的小青蛙。小峰站到平衡台上说：“小青蛙要站在露珠上玩。”溪溪指着奇智砖说：“小青蛙还要在荷叶上跳来跳去。”小柳钻过高高低低的体能棒时说：“小青蛙在悄悄地过草丛，没有被坏坏的蛇发现。”

思考：婴幼儿的想象力有哪些特点？养育者可以通过哪些训练培养婴幼儿的想象力？

新手指导

一、婴幼儿想象力的发展特点

想象是指大脑对已有的表象（过去感知过的事物的形象）进行加工改造而产生新形象的心理过程。想象力是指个体运用和发展想象的能力。

想象力是随着年龄的增长而不断发展的，由简单的无意想象向创造想象发展。在婴幼儿阶段，个体想象力发展具有如下特点。

（一）无意想象和再造想象占主要地位

婴幼儿早期的想象以无意想象为主。无意想象是指婴幼儿没有预定目的、不由自主地产生的一种想象过程。无意想象常常由外界的刺激引发，想象的主题常常变化，想象内容大多散乱不系统，且容易受到婴幼儿自身情绪和兴趣的影响。例如，婴幼儿即兴而发又具有某种创意的涂鸦。

再造想象是指婴幼儿依据别人语言的描述或图样的示意，运用自己积累的感性形象材料，在大脑中再现与之相应的事物形象的过程。例如，婴幼儿抱着布娃娃静静地坐着，当老师说“娃娃饿了，该喂奶啦”，婴幼儿才能展开想象，并开始角色扮演游戏。

（二）创造想象开始发展

创造想象是指婴幼儿独立地从新的角度对大脑中的已有表象进行深入的分析、综合和加工的过程。与再造想象相比，创造想象有更强的新颖性。例如，幼儿用橡皮泥捏出了他从未见过的，长着 4 个耳朵、6 只眼睛的怪兽。

课堂互动

除上述例子，你还能分别举出婴幼儿无意想象、再造想象和创造想象的例子吗？

（三）想象具备极大的夸张性

夸张性是婴幼儿想象的一个典型特征，主要表现在以下两个方面。一方面，夸大事物的某个部分或某种特征，如幼儿的画中常常出现比房子还高大的汽车；另一方面，混淆想象与事实，常把想象当作事实。例如，幼儿虽没有去过海边却告诉小朋友们他去看海了，其实是将自己的愿望当作已经发生过的事实。随着知识经验的积累和思维水平的提高，婴幼儿的想象会越来越合乎现实的逻辑性。

二、感觉统合对婴幼儿想象力发展的影响

婴幼儿通过感知外界事物来积累想象素材，通过记忆来储存和提取这些素材，通过思维来加工和创造新的想象内容。这些活动都离不开感觉统合的参与。感觉统合对婴幼儿想象力发展的影响具体如下。

首先，感觉统合通过促进婴幼儿的感觉信息处理能力发展，提高其想象力。感觉统合功能良好的婴幼儿，能够更有效地整合来自不同感官的感觉信息，形成对周围世界的全面认识。这种全面认识是想象力发展的基础，为婴幼儿提供了丰富的素材和灵感。

其次，感觉统合通过促进婴幼儿的认知发展，提高其想象力。认知功能包括解释、比较、增强、联系等，感觉统合功能良好的婴幼儿认知发展较好，能够更深入地理解和分析周围的事物，进而激发想象力和创造力。

再次，在感觉统合的过程中，大脑会释放让人产生愉快情绪的激素，如血清素、多巴胺等。这些激素不仅有利于婴幼儿的身心健康，还能激发他们的好奇心和探索欲，从而促进其想象力的发展。

最后，感觉统合涉及身体各部分的协调运动。当婴幼儿的身体协调性得到提升时，他们能够更好地操控自己的身体，进行各种探索和创造活动，从而促进想象力的发展。

课堂互动

婴幼儿的想象力发展受多种因素的影响，如婴幼儿自身的知识储备、养育者的教育方式等。你还能列举出哪些影响婴幼儿想象力发展的因素？

三、婴幼儿想象力的日常训练

婴幼儿爱想象是天性，养育者不仅要保护这种天性，还要帮助婴幼儿激发想象力。为此，养育者应做到以下几点。

（1）丰富婴幼儿的生活经验。养育者可以带婴幼儿游览名山大川、文化古迹，参观各种博览会，接触动物、植物，看图片、模型等。这些生活经验会在婴幼儿的大脑中积累丰富的素材，为其想象力的发展打下基础。

（2）激发婴幼儿想象的欲望。养育者可以为婴幼儿创设适宜的家庭环境，为其提供多样化的感觉刺激。养育者还可以培养婴幼儿的兴趣和爱好，如绘画、音乐、舞蹈等，这些活动都能激发其想象的欲望。

（3）鼓励并引导婴幼儿说出想象的内容。婴幼儿想象的内容往往缺乏细节，目的也不明确。因此，当婴幼儿讲述其想象的内容时，养育者要给予其积极的反馈和鼓励，增强其自信心。同时，养育者可以提开放式的问题引导婴幼儿描述更多的细节，从而激发其更多的创意。

问题聚焦

2 岁的闪闪说自己最好的朋友是小精灵，他经常和父母分享小精灵的故事。最初，妈妈以为小精灵是闪闪在托班里认识的小朋友，所以在闪闪提到小精灵时她会认真倾听，并告诉闪闪“明天你见到小精灵时，记得和他分享小饼干”。过了一段时间，妈妈发现小精灵其实是闪闪想象出来的，不是真实存在的。妈妈应该告诉闪闪小精灵不是真实存在的吗？

养育者可以通过以下训练，激发婴幼儿的想象力。

小小演奏家（1～3 岁）

训练目标

1. 激发幼儿的想象力。
2. 发展幼儿手部精细动作。

训练准备

对于年龄较小的幼儿，养育者可以选择一些简单的打击乐器，如小鼓、沙锤等；对于年龄较大的幼儿，养育者可以选择键盘乐器，如电子琴等。

训练过程

1. 养育者示范如何演奏乐器，激发幼儿的好奇心和模仿欲。

2. 养育者播放轻快的儿歌或有节奏感的音乐，让幼儿感受音乐的节奏，并跟随音乐的节奏演奏乐器。

训练延伸

待幼儿掌握乐器的演奏方法后，养育者可以提供一个安静的环境让其自由发挥。

角色扮演（2~3 岁）

训练目标

1. 激发幼儿的想象力。

2. 促进幼儿语言能力的发展。

训练准备

养育者准备角色扮演所需的道具，如扮演医生需要准备听诊器玩具、扮演售货员需要准备虚拟货币等。

训练过程

1. 养育者带幼儿到现实场景中，观察将要扮演的角色在实际生活中是如何待人处事的。

2. 养育者和幼儿共同参与到角色扮演中，并引导幼儿自己创设情境。例如，在售货员角色扮演游戏中，当顾客（由养育者扮演）说“我不喜欢这个鞋子的颜色，但是喜欢这个款式”时，售货员（由幼儿扮演）会说：“抱歉，我们店内这个款式其他颜色的鞋子都卖掉了，不过我可以从别的店调来你想要的颜色，你可以留下联系方式吗？”

3. 在角色扮演结束后，养育者鼓励幼儿分享自己的体验和感受，并根据其表现和兴趣，及时调整训练的内容和难度。

训练延伸

养育者可以让多个幼儿分别扮演不同的角色，自由探索游戏情节；也可以让幼儿利用玩具来扮演不同的角色，通过操控玩具并配音的方式进行角色扮演。

小小建筑师（3 岁左右）

训练目标

1. 激发幼儿的想象力。

2. 发展幼儿手部精细动作。

扫一扫

小小建筑师

训练准备

养育者准备积木玩具。

训练过程

1. 养育者通过讲述游戏背景故事，引起幼儿的兴趣。例如，养育者可以告诉幼儿：“国王想要修建一座漂亮的城堡，找来了许多像你这样优秀的小建筑师，请你用这些积木拼出城堡吧。”

2. 养育者示范如何拼装积木，展示一些简单的形状或结构。在示范过程中，养育者要放慢语速、动作，以便幼儿能够观察和模仿。

3. 养育者鼓励幼儿自己动手拼装积木。等幼儿拼装完成后，养育者引导幼儿用简单的语言描述自己的作品，并分享拼装过程中的感受。

训练延伸

养育者可以根据幼儿的年龄和能力水平，设置不同的任务和挑战，引导幼儿拼装更加复杂的结构或模型。

模块五　观察力的训练

应用场景

3 岁的小荷在看到窗外漫天飞舞的雪花时，问爸爸：“为什么会下雪？为什么雪花有 6 片‘花瓣’？雪花的味道是甜甜的吗？”小荷的爸爸耐心地回答了小荷的问题，并鼓励小荷把窗外的雪景画下来。

在小荷的画里，不仅有红红的太阳、高高的大树、绿绿的小草，还有几片比树冠还大的雪花。爸爸指着窗外对小荷说：“宝贝，你看外面的树木都光秃秃的，草地也是枯黄的。你可以告诉爸爸为什么你画中的小草是绿的、雪花比树冠还要大吗？”

思考：婴幼儿的观察力有哪些特点？养育者可以通过哪些训练培养婴幼儿的观察力？

新手指导

一、婴幼儿观察力的发展特点

观察力是指大脑对事物的感知和理解能力。个体通过眼睛、耳朵、鼻子、舌头等感官获取信息，在大脑的分析、整合下，能够准确、全面、深入地感知事物的特征。因此，观察力不仅是智力的重要表现形式，也是个体认识世界、获取知识的基本途径。

观察力是随着年龄的增长而逐渐发展的，从简单感知到有目的、有计划的观察，个体的观察力在不断地提高和完善。在婴幼儿阶段，个体观察力发展具有如下特点。

（一）缺乏概括性和系统性

婴幼儿的观察力往往停留在直观的层面。他们主要依赖感官获取信息，对事物的观察通常基于颜色、形状、大小、声音等可以直接感知的属性，且这种观察是零散的、片段化的，因此，他们往往无法了解事物的本质特征和事物之间的内在联系，缺乏概括性和系统性。

（二）缺乏稳定性

婴幼儿的注意力容易分散。当婴幼儿在观察某一事物时，他们的注意力很容易受到外界环境的影响，从而更换观察对象，这会导致其观察时间相对短暂且观察缺乏稳定性。

（三）情绪色彩浓厚

婴幼儿的观察活动往往带有强烈的情绪色彩。他们对所观察的事物会表现出喜欢、厌恶、好奇等，这些情绪会影响他们对事物的选择和观察的深度。

（四）以自我为中心

婴幼儿的观察活动往往是以自我为中心的。他们更倾向于观察与自己直接相关或自己感兴趣的事物，而对其他事物则可能视而不见或听而不闻。

二、感觉统合对婴幼儿观察力发展的影响

感觉统合与婴幼儿观察力的发展密切相关，具体如下。

首先，婴幼儿观察力的发展离不开丰富的感觉信息输入。在观察事物的过程中，感觉统合不断综合各种感觉信息，这些信息是婴幼儿形成对事物全面理解和认识的基础。

其次，感觉统合通过促进大脑认知功能的发展，提高婴幼儿的观察力。当婴幼儿出现感觉统合失调时，大脑的认知功能发展会受阻，不能很好地分析和整合各种感觉信息，

从而阻碍婴幼儿观察力的发展。

再次，感觉统合通过集中婴幼儿的注意力，使其能仔细观察事物的细节和变化，从而实现观察力的提升。

最后，感觉统合通过培养婴幼儿的观察习惯，使其能主动感知和观察周围环境中的事物，进而促进其观察力的发展。

三、婴幼儿观察力的日常训练

在训练婴幼儿的观察力时，养育者要注意以下几点。

（1）鼓励自主观察。婴幼儿往往对周围环境充满好奇，养育者应充分利用这一特点，通过向婴幼儿展示新奇、有趣的事物来激发其观察兴趣。无论是在家中，还是在自然环境中，养育者都要鼓励婴幼儿自由探索、自主观察。

（2）引导观察方法。养育者可以引导婴幼儿从观察简单的物体开始，逐渐过渡到观察复杂的场景和事物，帮助其建立观察的顺序和逻辑。例如，养育者可以告诉婴幼儿按照从上到下、从左到右、从外到内、从整体到局部的顺序观察。

（3）培养观察习惯。养育者可以为婴幼儿设置固定的观察时间，如每天早上观察家中的植物，帮助其养成定时观察的习惯。对于年龄较大的幼儿，为了使其更好地理解和记忆观察内容，养育者可以鼓励其用简单的图画或文字记录，帮助其养成记录观察结果的习惯。

（4）注重观察与思考的结合。在婴幼儿观察过程中，养育者要引导婴幼儿思考“为什么会这样”“这背后有什么原因”等，帮助其建立观察与思考的联系。

养育者可以通过以下训练，提高婴幼儿的观察力。

黑白分明（4~6月龄）

训练目标

1．刺激婴儿的视觉发展。

2．提升婴儿的观察力。

训练准备

养育者准备印有几何图形、动物轮廓的黑白卡片。

训练过程

1．养育者将黑白卡片放在婴儿视线范围内，确保其能清晰地看到。

2．养育者轻轻地移动黑白卡片，吸引婴儿的注意力，观察他们的眼睛是否跟随卡片转动。需要注意的是，每次训练时间不宜过长，一般控制在20秒以内。

3. 养育者在展示黑白卡片的同时，可以说出卡片上所印图案的名称，帮助婴儿建立语言和视觉之间的联系。

训练延伸

为了避免婴儿产生厌倦感，养育者可以定期更换展示的卡片，也可以在展示过程中加入亲子互动环节，如眼神交流、模仿婴儿的表情等。

找不同（6 月龄~3 岁）

训练目标

提升婴幼儿的注意力和观察力。

扫一扫

找不同

训练准备

养育者可以使用专门的“找不同”图书、卡片，或者自制简单的“找不同”图片。

训练过程

1. 养育者将两张或多张相似的图片并排展示给婴幼儿看，确保其能看到图片的全貌。

2. 养育者应简单明了地告诉婴幼儿“找不同”的规则，即找出这些图片的不同点。对于年龄较小的婴儿，养育者可以通过提问或示范，引导其理解训练任务。

3. 在婴幼儿观察图片时，养育者可以给予适当的提示和引导，如指出一个明显的不同点，然后鼓励婴幼儿自己继续寻找其他不同点。需要注意的是，养育者不要直接告诉婴幼儿所有的不同点，以免影响其观察力的发展。

4. 当婴幼儿找到不同点时，养育者要及时肯定和表扬婴幼儿，增强其自信心和成就感。

训练延伸

1. 随着婴幼儿年龄的增长和观察力的提高，养育者可以逐渐增加训练难度，如增加图片的数量、缩小不同点的范围、提高图片的复杂程度等。

2. 养育者可以尝试其他形式的“找不同”游戏。例如，养育者可以先让婴幼儿观察房间内的所有物品，然后悄悄地拿走其中的某件物品，再让婴幼儿回答被拿走的物品是什么。

我爱水果和蔬菜（2.5~3 岁）

训练目标

1. 提升幼儿的观察力。

2．锻炼幼儿的思维能力和语言能力。

训练准备

养育者准备多种水果、蔬菜。

训练过程

1．养育者让幼儿充分观察水果、蔬菜，引导幼儿说出它们的特征。

2．养育者可以让幼儿根据颜色、形状等对水果、蔬菜进行分类，也可以让幼儿根据自己的想法分类。如果幼儿有自己的分类标准或有说错的地方，养育者不要急于否定其想法，而是提出疑问，引起幼儿的注意，使其后续观察更有目的性。

训练延伸

养育者可以用生活中的其他物品锻炼幼儿的观察力。当幼儿看到一种物品时，养育者可以告诉其该物品的名称、用途、材质等，让幼儿养成从多角度观察和描述物品的习惯。

学以致用

一、不定项选择题

1．下列关于婴幼儿语言能力发展阶段的说法中，不正确的有（　　）。

A．3 个月的婴儿发出 ba-ba、ma-ma、da-da 等单音节语音，但他们发出的这些声音并无具体意义

B．在多词句阶段，婴幼儿能理解的语言大量增加，但是会说的词语相对较少

C．婴幼儿最先理解的是他们经常接触到的人或物的名称、一些常用动词，以及养育者经常让他们做的事情

D．在简单句阶段，婴幼儿已经完全掌握语法规则，能用语言进行更复杂的沟通

2．养育者对单词句阶段的婴幼儿进行训练的目标是（　　）。

A．使其感受语言的魅力，为其语言发展打下基础

B．使其通过听觉积累语言材料，并从这些材料中学习语言的基本规则

C．培养其正确发音，引导其将已经掌握的词汇连接起来，构成一句话的主要框架

D．鼓励其用语言表达需求和感受，让其能够有条理地表达自己的想法

3．对于 0～1 岁的婴儿，养育者可以通过（　　），为其注意力发展打下基础。

A．创造有序且安静的环境　　B．培养良好的生活习惯

C．进行亲子互动游戏　　D．让其接触电子产品

4．在婴幼儿阶段，个体记忆力发展的特点包括（　　）。

A．记忆保持时间不断延长　　B．对情境依赖性逐渐提高

C．对情境依赖性逐渐降低　　D．以动作记忆和情绪记忆为主

5．在训练婴幼儿的观察力时，养育者要（　　）。

A．鼓励自主观察　　B．引导观察方法

C．培养观察习惯　　D．注重观察与思考的结合

二、判断题

1．在随意注意萌芽阶段，婴幼儿能够听懂很多话，语言活动开始支配他们的注意选择。（　　）

2．触觉迟钝的婴幼儿接收外界信息的阈值过低，抗干扰能力较弱，外界很小的刺激就会引起其关注和反应，从而出现注意力不集中的现象。（　　）

3．受知识和经验的限制，婴幼儿很难理解事物之间的内在联系、逻辑规律，需要通过背诵形成记忆。（　　）

4．当婴幼儿讲述其想象的内容时，养育者可以提开放式的问题引导其描述更多的细节，从而激发其更多的创意。（　　）

三、案例分析题

豆豆今年 3 岁了，平时和爷爷奶奶一起生活。豆豆的爸爸妈妈工作比较忙，陪伴豆豆的时间比较少，因此他们给豆豆买了许多玩具。

豆豆的爷爷有些耳背，喜欢把电视机的声音调得比较大，有时候开着电视机便睡着了。豆豆因此学会了很多广告词。和人说话时，豆豆偶尔会说出来一两句广告词，把大家逗得哈哈大笑。

豆豆的奶奶喜欢跳广场舞，经常带着豆豆一起去公园跳广场舞。豆豆有时会学着大人的动作跳舞，很多人都夸豆豆聪明伶俐。

最近，豆豆快要上幼儿园了，妈妈打算把豆豆接到身边照顾。在给豆豆读绘本时，妈妈发现豆豆很难专注做一件事，总是三心二意。尤其是当他听到音乐，就会忍不住扭动身体。妈妈担心豆豆上幼儿园会很难适应。

阅读以上材料，并回答问题。

1. 请从语言发展能力、注意力、记忆力、想象力、观察力等方面分析豆豆的智力发展情况。

2. 针对豆豆的情况，请为豆豆的妈妈提出合理建议。

躬行实践

实践背景

金阳光感觉统合训练室开放日活动的最后一个环节是“互动问答”。在本环节中，老师需要解答各位家长在日常养育中遇到的问题，并给出具体可行的训练指导方案。假如你是金阳光感觉统合训练室的老师，请以小组为单位，完成以下活动。

实践目的

使学生深刻理解感觉统合对婴幼儿智力发展的影响，并能够根据婴幼儿智力发展状况为养育者提供具体可行的训练指导方案。

实践准备

1. 学生分成若干小组（3～5 人为一组），并选出组长。

2. 每个小组由组长抽签决定本小组需要解答的问题，并结合具体情况给出训练指导方案。

（1）芊芊（1 岁 8 个月）能听懂大人的话，但是会说的话很少，且口齿不太清楚。奶奶问怎样才能提高芊芊的语言发展水平（平时奶奶只要听到芊芊哭，就会立刻哄好；能抱着就不让她走路；为了保护她的视力，不让她看电视或其他电子产品）。

（2）磊磊（2 岁 3 个月）经常丢三落四，学儿歌、学舞蹈都比同龄的孩子慢，上课时注意力也不集中，老师交代的事情经常忘记做。磊磊的爸爸问怎样才能提高磊磊的记忆力。

（3）乐乐（2 岁）的哥哥在家里练习弹钢琴的时候，乐乐经常在一旁手舞足蹈，跃跃欲试。哥哥不在家时，乐乐会自己坐在琴凳上弹钢琴。乐乐的妈妈问 2 岁便学弹钢琴是否会对乐乐产生不良影响。

实践过程

1. 小组成员针对婴幼儿的具体情况查找相关资料。

2. 小组成员合作撰写具体可行的训练指导方案，并整理成 PPT。

3. 各小组代表对所选问题做出合理解答，并在课堂上展示 PPT，教师与其他学生进行提问或发表意见。

请按要求完成实践，并填写表 3-2 和表 3-3。

表 3-2　小组成员及分工情况

<table>
<tr><td>班级</td><td></td><td>组号</td><td></td><td>指导教师</td><td></td></tr>
<tr><td>小组成员</td><td>姓名</td><td>学号</td><td colspan="3">任务分工</td></tr>
<tr><td>组长</td><td></td><td></td><td colspan="3"></td></tr>
<tr><td rowspan="4">组员</td><td></td><td></td><td colspan="3"></td></tr>
<tr><td></td><td></td><td colspan="3"></td></tr>
<tr><td></td><td></td><td colspan="3"></td></tr>
<tr><td></td><td></td><td colspan="3"></td></tr>
</table>

表 3-3　实践过程记录表

负责人、时间、任务分配	实施步骤
	1. 小组成员根据所选问题，查找相关资料
	2. 小组成员分工，撰写具体可行的训练指导方案
	3. 小组成员将训练指导方案的要点整理成 PPT
	4. 各小组代表在课堂上对所选问题做出合理解答，并展示 PPT
	5. 教师和其他学生进行提问或发表意见
	6. 记录实践活动中遇到的问题或心得体会

学习成果评价

请根据学习和实践情况，填写学习成果评价表（见表 3-4）。

表 3-4　学习成果评价表

<table>
<tr><td>姓名</td><td></td><td>班级</td><td></td><td>日期</td><td colspan="2"></td></tr>
<tr><td>学号</td><td colspan="2"></td><td>指导教师</td><td colspan="3"></td></tr>
<tr><td>项目名称</td><td colspan="6">感觉统合综合训练</td></tr>
<tr><td>评价维度</td><td>一级指标</td><td>二级指标</td><td colspan="2">评价标准</td><td>分值</td><td>评分</td></tr>
<tr><td rowspan="3">知识评价</td><td rowspan="3">专业知识</td><td>了解婴幼儿智力发展的相关知识</td><td colspan="2">能够答对相应的习题，了解婴幼儿语言能力、注意力、记忆力、想象力、观察力的相关知识</td><td>15</td><td></td></tr>
<tr><td>熟悉感觉统合对婴幼儿智力发展的影响</td><td colspan="2">能够答对相应的习题，并能够结合实际，分析婴幼儿智力发展状况</td><td>10</td><td></td></tr>
<tr><td>掌握提升婴幼儿智力的日常训练方法</td><td colspan="2">能够答对相应的习题，并在日常感觉统合训练中，充分考虑婴幼儿的个体发展差异，因材施教</td><td>15</td><td></td></tr>
<tr><td>能力评价</td><td>专业能力</td><td>设计具有针对性的训练指导方案</td><td colspan="2">能够根据婴幼儿的具体情况，为养育者设计合理的、提升婴幼儿智力的训练指导方案</td><td>20</td><td></td></tr>
<tr><td>素养评价</td><td>综合素质</td><td>具有较强的沟通能力</td><td colspan="2">能够增进与养育者之间的信任，并进行有效沟通</td><td>10</td><td></td></tr>
<tr><td rowspan="2">实践评价</td><td>小组实践成果</td><td>小组成员合作解答问题、撰写训练指导方案、制作 PPT</td><td colspan="2">小组成员分工明确，计划翔实，时间安排合理，训练指导方案具体可行</td><td>15</td><td></td></tr>
<tr><td>个人实践成果</td><td>撰写心得体会</td><td colspan="2">心得体会真实可信，内容深刻</td><td>15</td><td></td></tr>
<tr><td colspan="5">总分</td><td>100</td><td></td></tr>
</table>

第四篇
特殊婴幼儿的感觉统合训练

本篇导读

感觉统合训练在针对特殊婴幼儿（如多动症、孤独症、抽动障碍、发育迟缓的婴幼儿）的康复训练中也发挥着积极的作用。本篇从特殊婴幼儿的表现出发，根据其具体情况，给出感觉统合训练的建议。

学习目标

知识目标

- 了解多动症、孤独症、抽动障碍、发育迟缓的定义和主要表现。
- 熟悉感觉统合训练对多动症、孤独症、抽动障碍、发育迟缓的矫治作用。
- 掌握矫治特殊婴幼儿的感觉统合训练方法。

技能目标

- 能够根据婴幼儿的表现，初步判断其是否为特殊婴幼儿。
- 能够根据特殊婴幼儿的具体情况，设计并指导感觉统合训练。

素养目标

- 关爱特殊婴幼儿，敏锐观察其情绪变化，及时回应其需求，并给予其更多关注和照顾。
- 培养沟通能力，以便与特殊婴幼儿的养育者建立深入联系。

模块一 多动症婴幼儿的训练

应用场景

明明（3岁）在公共场所总是频繁地跑来跑去、爬上爬下。父母批评他，他还会大发脾气、哭闹不止。托班的老师也常向其父母反映，明明在托班异常活跃，经常打扰其他小朋友。

父母逐渐意识到明明可能存在行为异常。他们尝试了很多方法来改善这一点，如实施奖惩措施等，但是收效甚微。经过医生的评估，明明被确诊为多动症。医生详细解释了多动症的主要表现及可能的原因，并为明明制订了个性化的感觉统合训练方案。同时，医生也为明明父母讲解了几种行之有效的家庭训练方法，希望他们配合医生对明明进行行为矫治。

思考：什么是多动症？如何通过感觉统合训练矫治多动症？

新手指导

一、多动症的定义

多动症是一种多发于儿童时期的神经和精神障碍。患儿以不分场合活动过度和行为冲动、注意力集中困难、注意持续时间短暂为主要表现，并伴随认知障碍和学习困难，但患儿智力基本正常。

二、多动症的主要表现

（一）注意缺陷

多动症婴幼儿的注意力保持时间达不到同龄普通婴幼儿相应的水平。患儿表现为在玩耍、看绘本、看电视时不能专心；成人对其讲话时，经常表现出没有在听的样子；逃避或厌恶需要花费心思的活动等。

（二）过度活跃

在需要保持相对安静或需要自我约束的场合中，多动症婴幼儿会表现得过度活跃。患儿通常在婴儿时期就格外活泼，他们会在床上爬来爬去，无论家长如何制止都不理会。随着患儿年龄的增长，他们会更加我行我素，即使在托育机构或公共场所，他们也会频繁地做出无意识的动作，不遵守秩序，话多喧闹。

（三）任性冲动

多动症婴幼儿会表现得冲动、任性。多数患儿自婴儿时期就比普通婴幼儿更难管教，他们易兴奋、爱哭闹、睡眠差、喂食较困难、难以培养排便和睡眠习惯。待患儿年龄稍长，如果父母不能满足他们的需求，他们会发脾气、大哭大闹，还会故意搞破坏，如吃饭时故意把饭菜弄得到处都是，故意把玩具扔在地上摔坏，故意把床上的被子、枕巾等弄得乱七八糟。

知识视窗

婴幼儿“好动”与“多动”的区别

在现实生活中，活泼好动的婴幼儿和患多动症的婴幼儿表现非常相似，养育者可以参考表 4-1 判断婴幼儿是活泼好动还是患多动症。

表 4-1　婴幼儿活泼好动与患多动症的区别

区别	活泼好动	患多动症
行动目的性	目的性较强	冲动、缺乏明确目的
自控能力	有意识控制自己的行为	难以控制自己的行为，需要外部干预
注意力水平	对感兴趣的事物能高度集中注意力，但可能因兴趣转移而分散注意力	没有明显的兴趣爱好，注意力分散，难以集中
情绪调节能力	情绪调节能力较好，能迅速调整情绪状态	易怒、急躁，情绪调节困难

问题聚焦

像大多数 6 月龄的婴儿一样，琪琪在得到一个新玩具时总是表现出浓厚的兴趣，但几分钟后，她就会被房间内的响动或窗外飞过的小鸟吸引。上述表现是否能说明琪琪患有多动症？为什么？

三、感觉统合训练对多动症的矫治作用

由专业指导者开展的感觉统合训练，对于治疗多动症有积极的效果。具体来说，感觉统合训练可以从以下几个方面矫治多动症。

（一）提高注意力

感觉统合训练通过提供丰富的、有吸引力的活动，提高多动症婴幼儿注意力分配的合理性，延长其注意保持时间，从而帮助患儿更长时间地专注于一项任务。经过一段时间的感觉统合训练，患儿注意力不集中的现象会有所改善。

（二）提高自控能力

感觉统合训练需要多动症婴幼儿按照一定的规则或指令执行任务。患儿在成功完成任务后可以逐步建立起自信心，进而意识到自己能够控制自己的身体和行为，从而提高其自控能力。例如，通过平衡或跳跃等训练，患儿可以学会控制自己的身体活动，减少不必要的动作。

（三）增强情绪调节能力

感觉统合训练可以为多动症婴幼儿提供丰富的感觉刺激，促进身体协调，进而对他们的情绪产生积极的影响。例如，触觉和本体觉训练可以帮助患儿稳定情绪，减少焦虑和紧张感，使其感受到舒适和放松。

四、多动症的相关训练

（一）专业训练

指导者在开展针对多动症婴幼儿的感觉统合训练时，需要注意以下几点。

（1）合理安排训练内容。指导者应按照由少到多、由简单到复杂的原则，合理安排训练内容，并根据患儿的反馈及时调整训练内容和训练进度。

（2）注意训练的趣味性。多样化的训练项目能够吸引患儿的注意力，激发他们的参与热情。因此，指导者应在选择患儿感兴趣的活动基础上，通过不同的方式和感统训练器材开展训练。

需要特别注意的是，感觉统合训练只能起到辅助治疗的作用，若多动症婴幼儿的症状较为严重，还需要结合药物、心理治疗等治疗方法。

指导者可以借助感统训练器材开展以下专业训练。

花样舞步（2～3 岁）

训练目标

1．提高多动症幼儿的注意力。

2．为多动症幼儿提供前庭觉刺激，促进其前庭系统发展。

训练准备

指导者准备 S 形平衡木（见图 4-1）。

工具栏

图 4-1　S 形平衡木

S 形平衡木一般为塑料或木头材质，表面喷涂有防滑材料，长度约 2 m，宽度约 15 cm，高度约 20 cm。S 形平衡木通常用于模拟自然环境中不平坦的路面。

训练过程

1．指导者向幼儿示范以下行走姿态：两脚正常交替行走、两脚交替跨步行走、踮脚尖走、高抬腿走。

2．指导者让幼儿在 S 形平衡木上双手平伸保持平衡，并以各种不同姿态行走。

3．待幼儿熟悉如何走 S 形平衡木后，指导者可以在幼儿行进时更改指令，调控幼儿的行进的姿态、速度和方向；也可以在幼儿行进过程中进行提问，如成语、儿歌、古诗等。

羊角球游戏（2～3 岁）

训练目标

扫一扫

羊角球游戏

1．提高多动症幼儿的身体协调性和平衡感，从而在一定程度上减轻其多动倾向。

2．促进多动症幼儿神经系统的发展，从而改善大脑功能。

3．提高多动症幼儿的注意力和自控能力。

训练准备

指导者准备羊角球（见图 4-2）并布置场地。

工具栏

图 4-2 羊角球

羊角球一般为 PVC 材质，直径约 40 cm，因表面有两个竖起的手柄形似羊角而得名。羊角球通常用于锻炼婴幼儿的平衡能力、协调能力和下肢力量。

训练过程

1. 基础跳跃（见图 4-3）。指导者引导幼儿坐在羊角球上，双手握住手柄，双脚并拢或稍微分开；然后用力向下将球坐扁，两脚蹬地；再借助球的弹性往前跳动。在训练过程中，指导者可逐渐增加幼儿跳跃的距离和次数，以增强其下肢力量，提升幼儿的身体协调性。

图 4-3 基础跳跃

2. 障碍跳跃。指导者在指定路线上设置一些障碍物（如玩具、小球等），让幼儿坐在羊角球上，通过控制跳跃的方向避开这些障碍物。

训练延伸

指导者可以让多名幼儿比赛，看谁在规定距离内，跳跃多次的用时最短。

（二）家庭训练

多动症的治疗需要养育者的配合。养育者应有意识地指导患儿进行规则性强的活动，如球类游戏、队列训练等，以提高其注意力、自控能力和情绪调节能力。

养育者在对多动症婴幼儿开展训练时，需要注意以下几点。

（1）情感支持。给予患儿耐心和关爱，理解他们的困难，既不能打骂他们，给他们施加心理压力，也不能以病为由过分迁就他们。

（2）调整环境。为患儿提供一个干扰较少的环境，降低噪声、视觉刺激和其他可能分散其注意力的因素；根据患儿的需要调整环境布置，如使用卡片或图表提示重要事项等。

（3）建立规则。为患儿制订简单明了的规则，对于患儿的进步和良好行为及时予以表扬和鼓励，对于患儿的攻击或破坏行为及时予以制止。

（4）培养习惯。帮助患儿建立规律的生活习惯和固定的作息时间；培养患儿一次只做一件事的习惯，如一本绘本没看完就不能看其他绘本、一次只能玩一个玩具等。

养育者可以在家中开展以下训练。

收纳专家（2～3 岁）

训练目标

提高多动症幼儿的规则意识和自控能力。

训练准备

养育者准备必要的工具和材料，如收纳箱、玩具等。

训练过程

1. 养育者示范如何整理玩具，如将不同类型的玩具放入对应的收纳箱中。

2. 养育者鼓励幼儿自己动手整理玩具。对于年龄较小的幼儿，养育者可以引导他们将玩具放入指定的收纳箱中；对于年龄较大的幼儿，养育者可以引导他们自己分类整理玩具。

3. 在幼儿完成整理玩具的任务后，养育者与幼儿一起检查每个收纳箱中的玩具是否放对位置，确保没有遗漏和错放。

4. 养育者对幼儿的玩具整理成果予以肯定和表扬，让他们获得成就感。

训练延伸

养育者可以通过定期训练幼儿整理玩具或设置奖励机制，鼓励幼儿保持这一好习惯。

乒乓球干扰游戏（3 岁左右）

训练目标

1. 提高多动症幼儿的注意力。

2．培养多动症幼儿的抗干扰能力。

训练准备

养育者准备乒乓球拍、乒乓球。

训练过程

1．养育者向幼儿示范如何颠乒乓球。

2．待幼儿学会颠球后，养育者可以引导幼儿在有外界干扰（如养育者触碰幼儿的身体、不断和幼儿说话、打开电视增加噪声等）的情况下颠乒乓球。

训练延伸

养育者可以让多动症幼儿与多名普通幼儿比赛颠球，看谁在规定的时间内颠球的个数多。

模块二　孤独症婴幼儿的训练

应用场景

小贝（2 岁 10 个月）从小就表现出与同龄婴幼儿不同的行为特征。例如，小贝对任何地方的电扇都感兴趣，即使是在冬天，他看见电扇也一定要打开，并且一直盯着看。

起初，小贝妈妈并没有在意，认为这是他的无意行为。久而久之，她有些担忧小贝的健康状况，就带他到医院就诊。医生问小贝妈妈："除了爱看电扇，你有没有注意到孩子在其他方面的表现？他是否会和同龄的小朋友一起玩？"小贝妈妈说："我会鼓励他和其他小朋友玩，但是他好像不喜欢和别人玩，可能是比较内向吧。"医生又问："那他的运动能力怎么样？他会拍球吗？会跳绳吗？"小贝妈妈回想了一下，说道："都不会，我们没有教他。我觉得他听不进大人的话，将来学习可能受影响。"最终，小贝被确诊为孤独症。

思考：孤独症婴幼儿有哪些表现？如何通过感觉统合训练矫治孤独症？

新手指导

一、孤独症的定义

孤独症，又称“自闭症”，是以不同程度的社交障碍、交流障碍、局限性的兴趣及刻板与重复行为方式为主要临床特征的一种神经发育障碍，通常起病于婴幼儿时期。患儿也可表现出一些其他非特异性的问题，如恐惧症、睡眠和进食紊乱、发怒和指向自己的攻击。

孤独症婴幼儿的智力水平表现不一。虽然少数患儿的智力水平在正常范围内，但大多数患儿表现出不同程度的智力障碍。

二、孤独症的主要表现

（一）社交障碍

孤独症婴幼儿在社交上存在缺陷，难以与他人建立正常的人际关系。他们不会主动与他人交往，对他人发出的交往邀请也不感兴趣。患儿的社交障碍主要表现为缺乏情感交流、缺乏目光对视、难以适应不同的社会环境、交友困难等。

（二）交流障碍

孤独症婴幼儿往往不能顺利地与他人展开交流。患儿的语言交流障碍主要表现为缺乏口语沟通的能力，说话时语速、语调异常，不能以一来一往的方式对话等。患儿还可能在非语言交流方面存在困难，如患儿在与他人交流时表情漠然，不能用点头、摇头、摆手等动作表达自己的意愿。

（三）刻板行为

刻板行为是指重复的、固定的、无明确意义的行为。孤独症婴幼儿的刻板行为主要有以下表现。

（1）刻板动作。这类刻板行为最常见。患儿经常会无目的地反复做出拍手、摇晃或旋转身体等动作。此外，患儿还会习惯性地挤眉弄眼、咬指甲，以及不经意地用斜视的方法看人和物。

（2）刻板思维。患儿会坚持按照固定的顺序或方式完成某些活动，如必须将积木搭成一条线、必须从 1 数到 10、必须沿着同一条路径回家等。活动顺序一旦被打乱，他们可能会感到不安或焦虑。

（3）刻板语言。患儿不能灵活运用语言，语言组织能力较弱。他们可能会自言自语，反复说同一句话或同一个词，或是在与他人交流时不断重复对方所说的话。

（4）自我刺激行为。患儿可能通过一些自我刺激的方式来满足自己的感官需求，如用手拍打头部、盯着旋转的物体看等。

三、感觉统合训练对孤独症的矫治作用

感觉统合训练可以从以下几个方面矫治孤独症。

（一）提升社交能力

部分孤独症婴幼儿在不熟悉的环境里会产生焦虑、恐惧等情绪，不会观察周围的事物，不会与他人建立联系。感觉统合训练作为一种有利于患儿社会性发展的活动，通过游戏的方式来提升患儿探索周围环境的兴趣，并使其在游戏中感受到快乐，从而提升其社交能力。

（二）促进交流能力发展

大部分孤独症婴幼儿具备开口说话的能力，但是由于缺乏理解能力和语言组织能力，其交流能力的发展受阻。通过参加感觉统合训练，他们的触觉、听觉和前庭觉得以发展，其交流能力自然会得到提升。例如，一些孤独症幼儿在经过一段时间的感觉统合训练后，可以实现从交流困难，到可以进行简单的对话。

（三）改善感觉处理能力

孤独症婴幼儿的刻板行为往往与感觉处理障碍密切相关。他们可能对外界刺激的反应过于敏感或迟钝，导致其只能通过刻板行为寻求安慰、逃避不适或维持某种平衡状态。感觉统合训练通过提供多样化的感觉刺激，帮助他们更好地整合和处理来自不同感觉通道的信息，从而减少刻板行为的发生。

四、孤独症的相关训练

（一）专业训练

指导者在开展针对孤独症婴幼儿的感觉统合训练时，需要注意以下几点。

（1）建立信任关系。由于患儿很难适应新的人和事，指导者在训练初期要耐心地与他们建立信任关系，以免其排斥训练。为此，指导者在开展训练前要充分了解患儿的情况，并在训练过程中尊重其兴趣爱好，给予其有力的支持和帮助。

（2）激发自主运动。激发患儿自主运动是训练的重点。在他们感到困难时，指导者可以用“我们一起做”“试试看”“你能行”等语言或拥抱、鼓掌等行为鼓励患儿，逐步培养其对训练的兴趣，并在其取得进步时给予适当的奖励，以激发其自主运动。

（3）制订个性化方案。指导者应根据患儿的具体情况，为其制订个性化的训练方案，并定期对其训练效果进行评估，了解患儿在感觉统合方面的进步和变化，以及时调整训练方案，确保训练效果。

指导者可以借助感统训练器材，开展以下专业训练。

滚筒训练（2~3岁）

训练目标

1. 为孤独症幼儿提供前庭觉刺激，提高其动作平衡能力和身体协调能力。
2. 改善孤独症幼儿的感觉处理能力，减少其刻板行为。

训练准备

指导者准备滚筒（见图4-4）。

工具栏

图4-4 滚筒

滚筒一般为空心圆柱形塑料筒，直径约为50 cm。滚筒的高度取决于训练需求，幼儿感觉统合训练通常使用60 cm高的滚筒。

训练过程

1. 基础滚动（见图4-5）。指导者将滚筒横向放在地面上，然后引导幼儿爬进滚筒中，将胸部以上露在滚筒外面，双手抱头，两臂紧贴头部两侧，以保护头部。指导者轻轻晃动或滚动滚筒，使幼儿逐渐适应身体随滚筒晃动或滚动的状态。

图4-5 基础滚动

2. 自我滚动。待幼儿熟悉滚筒后，指导者可以让其利用自己的身体滚动滚筒。

3. 筒外滚动（见图 4-6）。指导者让幼儿横趴在滚筒上方的中间，重心在腹部，手臂前伸，双腿并拢伸直。指导者轻轻滚动滚筒，幼儿的身体重心随着滚筒的前进或后退而发生改变。

图 4-6　筒外滚动

4. 时光隧道。指导者把滚筒横放当作“时光隧道”，让幼儿自己爬进爬出。幼儿可以以先头后脚的顺序顺着进去，倒着出来；也可以以先脚后头的顺序倒着进去，顺着出来。

训练延伸

孤独症幼儿往往存在语言交流障碍，指导者在训练过程中要尽量与其多讲话，并鼓励其说出自己的感受。如果幼儿感到眩晕或气闷，指导者应及时停止训练，让其坐下来做深呼吸。

玩转四分之一圆（1～3 岁）

训练目标

1. 为孤独症幼儿提供前庭觉刺激，提高其动作平衡能力和身体协调能力。

2. 增强孤独症幼儿的空间感、方向感。

扫一扫

玩转四分之一圆

训练准备

指导者准备多个四分之一圆（见图 4-7），并根据训练需要，将其组装成不同形状。

工具栏

图 4-7　四分之一圆

四分之一圆是由塑料或木材制成的弧形平衡器材，由两个圆弧板和若干间隔一定距离排布的横杆组成。

训练过程

1．基本训练。

（1）指导者可以将 1 个四分之一圆放倒（见图 4-8），让幼儿站在上面做摇晃动作，以训练其平衡能力。

图 4-8　四分之一圆放倒

（2）指导者可以将 1 个四分之一圆靠墙立放，让幼儿利用其上的横杆做攀爬训练。

2．组合训练。

（1）指导者可以将 2 个四分之一圆组装成 S 形（见图 4-9）并平放，让幼儿走“独木桥”做平衡训练。

图 4-9　四分之一圆组装成 S 形

（2）指导者可以将2个四分之一圆组装成半圆形（见图4-10），形成一个“隧道”，让幼儿钻过“隧道”做本体觉训练。

图4-10 四分之一圆组装成半圆形

（3）指导者可以将4个四分之一圆组装成圆形（见图4-11）并平放，作为训练活动的起点或终点，让幼儿做跨越训练。

图4-11 四分之一圆组装成圆形

训练延伸

指导者可以将四分之一圆与其他感统训练器材相结合，综合训练幼儿的前庭觉、触觉、本体觉，以及注意力和身体协调能力等。

传球游戏（1.5~3岁）

训练目标

1. 促进孤独症幼儿的人际互动，增强其团队协作能力。
2. 提高孤独症幼儿的注意力。

训练准备

指导者准备一个大小适中的球，并准备一个空旷、无障碍物的场地。

训练过程

指导者引导幼儿们站成一个圆圈，一个幼儿向其他幼儿传球，并说出对方的名字和简单的问候语。接到他人传球的幼儿需要做出简单的回应，然后寻找下一个传球对象，将球传给对方并说出对方的名字和简单的问候语。如此循环开展训练。

指导者可安排孤独症幼儿和普通幼儿共同游戏。在训练过程中，指导者应密切关注孤独症幼儿的表现和需求，及时给予其鼓励和支持。对于表现不佳的孤独症幼儿，指导者可以适当降低游戏难度或提供额外的帮助。传球的速度和节奏也可以根据实际情况调整。

训练延伸

如果幼儿能力较强，指导者可以变化传球规则，如要求幼儿在传球的同时做一些简单的动作，或将球传递给穿某种颜色衣服的幼儿等。

（二）家庭训练

婴幼儿被诊断为孤独症，对养育者的打击往往非常大，但面对现实才是对患儿最大的帮助。养育者应以积极的态度配合治疗，耐心地开展感觉统合训练，提高患儿的感觉统合能力。在此过程中，养育者不可操之过急，否则很可能适得其反。

养育者可以在家中开展以下感觉统合训练。

对视训练（1～3岁）

训练目标

激发孤独症幼儿眼神接触的兴趣，提高其注意力。

训练过程

1. 养育者先与幼儿对坐，然后看向幼儿的眼睛。养育者应尽量放低视线，确保自己可以平视幼儿的眼睛，以增加双方目光交流的机会。

2. 养育者通过各种活动，引导幼儿主动注视自己。养育者可以通过做出夸张的表情或出其不意的动作，吸引幼儿的注意并引导其进行目光交流。

3. 当幼儿成功地与养育者进行目光交流时，养育者应及时给予其相应的奖励或积极满足他们的需求，以激励其更加积极地参与目光交流。

4. 当养育者发现幼儿的视线转移时，可以暂停当前的活动，直到幼儿重新注视，再继续进行活动。

需要注意的是，在对视训练的过程中，如果养育者观察到幼儿表现出害怕或紧张情绪，不要给其太大压力，应及时停止训练。

双手走路（3岁左右）

训练目标

1. 锻炼孤独症幼儿的手臂力量，增强其身体的平衡能力和协调能力。

2. 增进亲子关系。

训练过程

1. 养育者可以让幼儿趴在地上，双手和双膝接触地面；养育者在幼儿身后缓慢提起其双脚脚踝，使幼儿适应双脚被提起的姿势。

2. 养育者示意幼儿用双手交替往前走，并逐渐延长幼儿双脚被提起的时间，直到幼儿能自如地用双手向前走。如果幼儿不愿往前走，养育者可以用幼儿喜欢的食物或玩具来吸引他。

训练延伸

养育者可以让孤独症幼儿和普通幼儿比赛，看谁用双手走得最远。

模块三 抽动障碍婴幼儿的训练

应用场景

托班的杨老师向墨墨的父母反映，墨墨（3岁）最近经常不分场合地做鬼脸，有时候还会故意发出类似小狗叫的声音，影响托班的日常秩序。杨老师希望墨墨的父母能配合教育。

因为家人对墨墨要求比较严格，所以墨墨一直很听话，但他最近确实多了许多小毛病。妈妈在多次约束和教育无果后，将墨墨带到心理咨询门诊。医生告诉她，墨墨患的是抽动障碍，情绪越紧张，症状越容易加重。

思考：什么是抽动障碍？如何通过感觉统合训练矫治抽动障碍？

新手指导

一、抽动障碍的定义

抽动障碍起病于儿童和青少年时期，是一种有明显遗传倾向的复杂的慢性神经精神障碍。患儿以不自主的、反复的、快速的一个部位或多部位肌肉运动抽动和（或）发声抽动为主要表现，并可伴有注意力不集中、多动、强迫性动作和思维或其他行为症状。

知识视窗

短暂性抽动障碍

短暂性抽动障碍，又称“一过性抽动障碍”，是儿童时期最常见的一种抽动障碍，其病程相对较短，通常不会超过 1 年。短暂性抽动障碍的致病因素主要包括以下几种。

（1）遗传因素。短暂性抽动障碍有家族聚集性，婴幼儿的家庭成员中患抽动障碍者较为多见。

（2）生理因素。母亲在孕期出现先兆流产、情绪紧张、极度悲伤、营养不良等情况，或者生产时难产造成胎儿缺氧、大脑损伤等，都会影响婴幼儿大脑的神经系统发育，增加婴幼儿患此病的概率。

（3）社会心理因素。在早期教育过程中，养育者对婴幼儿过于严苛，使婴幼儿长期生活在紧张、压抑的环境中，情绪得不到放松，会增加婴幼儿患此病的概率。

二、抽动障碍的主要表现

抽动障碍主要表现在以下两个方面。

（一）运动性抽动

运动性抽动是抽动障碍的主要表现之一。运动性抽动的部位和形式多种多样，如皱眉、眨眼、斜视、噘嘴、摇头、耸肩、甩臂、举臂、挺胸、扭腰、踢腿、抖腿等。抽动动作通常是突然、快速、不自主、重复地发生，从面部、颈部开始，逐渐蔓延到身体其他部位。

（二）声音性抽动

声音性抽动表现为患儿不自主地发出清嗓声、吼叫声，重复他人说的话或一直重复某个词或句子，少数患儿会出现不自主地说出污言秽语。

抽动障碍婴幼儿的症状常有波动性，抽动的部位、频率和强度均可发生变化。患儿在紧张、焦虑、疲惫、睡眠不足时，抽动症状可能会加重，在精神放松时，抽动症状可能会减轻。

三、感觉统合训练对抽动障碍的矫治作用

感觉统合训练结合心理干预，对患儿的抽动障碍具有明显的矫治效果，且患儿年龄越小、发现越早、养育者配合力度越大，矫治效果越明显。感觉统合训练对抽动障碍的矫治作用主要体现在以下两个方面。

（一）缓解抽动症状

抽动障碍婴幼儿可能存在某种程度的神经调节障碍，导致其大脑对感觉信息的处理出现了问题。感觉统合训练通过输入视觉、听觉、嗅觉、触觉等感觉信息，增强患儿大脑对感觉信息的处理能力，促进其神经调节能力的发展，能够在一定程度上缓解患儿不自主的抽动症状。

（二）促进心理健康

抽动障碍婴幼儿常因不自主地抽动而自卑、焦虑或抑郁。感觉统合训练不但可以改善患儿的抽动症状，而且能够让他们在完成训练后获得成功的体验，进而增强其自信心和自尊心。同时，训练过程中的互动和合作也有助于改善患儿的社交能力和情绪管理能力，促进患儿的心理健康发展。

课堂互动

悠悠患有抽动障碍，她常因挤眉弄眼等抽动症状而深感自卑，不愿意参加集体活动。假如你是悠悠的老师，你会如何劝说她参加集体活动？

四、抽动障碍的相关训练

（一）专业训练

指导者可以借助感统训练器材，针对抽动障碍婴幼儿开展以下专业训练。

独脚凳训练（1～3 岁）

训练目标

1. 为抽动障碍幼儿提供本体觉刺激。

2. 增强抽动障碍幼儿的动作平衡能力和身体协调能力。

训练准备

指导者准备独脚凳（见图 4-12）。

工具栏

图 4-12　独脚凳

独脚凳一般为塑料材质，凳面通常为直径约 20 cm 的圆形（或近似圆形），凳腿又小又钝，只有一个。独脚凳主要用于姿势维持训练。

训练过程

1. 坐独脚凳（见图 4-13）。指导者引导幼儿用手扶住独脚凳，然后坐上去，慢慢放开手，双脚支撑地面，双手平伸保持身体平衡。待幼儿坐稳后，指导者可手扶幼儿双肩，前后左右摆动幼儿身体，并提示幼儿感受身体重心的变化，调整姿势以保持重心稳定。

图 4-13　坐独脚凳

2. 独脚凳踢腿（见图 4-14）。指导者引导幼儿在独脚凳上坐稳后，双手平伸保持身体平衡，然后做交替踢腿动作。

图 4-14　独脚凳踢腿

3. 独脚凳抛接球。指导者引导幼儿在独脚凳上坐稳后，让幼儿用双手接指导者从不同方向抛来的球，然后再将球抛给指导者。

训练延伸

指导者可以让幼儿两人一组进行独脚凳抛接球比赛，看哪一组抛得准、接得好、不失球、不歪倒。

平衡踩踏车训练（2～3 岁）

训练目标

1. 为抽动障碍幼儿提供前庭觉刺激，提高其平衡能力。
2. 提高抽动障碍幼儿左右手、左右腿的配合能力。

扫一扫

平衡踩踏车训练

训练准备

指导者准备平衡踩踏车（见图 4-15）。

工具栏

图 4-15　平衡踩踏车

平衡踩踏车由 2 个踏板、4 个轮子、2 个扶手和连接这些部件的机械结构组成。其中，踏板用于婴幼儿站立和踩踏，扶手（可拆卸）帮助婴幼儿保持身体平衡和重心稳定。

训练过程

1. 指导者引导幼儿握住扶手，保持身体平衡，然后用脚踩踏板，使平衡踩踏车前进或后退（见图 4-16）。

图 4-16　幼儿踩平衡踩踏车

2. 待幼儿能够熟练握住扶手驱动平衡踩踏车后，指导者可以将扶手拆下，让幼儿在没有扶手协助的情况下，靠自己保持平衡，并驱动平衡踩踏车前进或后退。

训练延伸

对于那些可以熟练完成上述训练的幼儿，指导者可以让其在驱动平衡踩踏车的过程中做抛接球、投球动作等。

（二）家庭训练

养育者在开展针对抽动障碍婴幼儿的感觉统合训练之前，需要注意以下两点。

（1）情感支持。首先，养育者应正确认识抽动障碍，降低心理预期。当患儿发病时，不要强行控制，允许其出现抽动症状。其次，养育者应给予患儿充分的理解、尊重，不要取笑或歧视患儿。最后，养育者要让患儿了解到抽动障碍像感冒发烧一样可以治愈，逐渐增强患儿战胜疾病的信心，消除自卑感，从而使其更加积极地投入训练之中。

（2）生活管理。一方面，养育者应合理安排患儿的日常作息，确保他们有充足的休息时间，避免其过度劳累，以减少其抽动症状的发作频率。另一方面，养育者应帮助患儿养成锻炼的习惯，如定期慢跑、游泳，学习舞蹈，练习武术等，以改善患儿的姿势和平衡问题，进一步缓解其抽动症状。

养育者可以在家中开展以下训练。

枕头大战（2～3岁）

训练目标

1. 强化抽动障碍幼儿的本体觉，提高其身体协调能力。
2. 营造轻松愉悦的氛围，缓解抽动障碍幼儿紧张的情绪。

训练准备

养育者准备一个枕头（抱枕）。

训练过程

养育者和幼儿轮流向对方扔枕头。在规定时间内，被枕头砸中次数少者获胜。养育者需要注意力度，以免伤到幼儿。同时，养育者需要告知幼儿，只有在游戏中可以这样做，日常生活中不可以向他人扔东西。

训练延伸

养育者可以经常在家中进行类似游戏，让幼儿放松情绪。

跳绳游戏（3岁左右）

训练目标

1. 锻炼抽动障碍幼儿的肌肉力量，提高其身体的平衡能力和协调能力。
2. 营造轻松愉悦的氛围，缓解抽动障碍幼儿紧张的情绪。

训练准备

养育者准备一根跳绳。

训练过程

1. 单人跳。养育者先示范如何跳绳，然后引导幼儿学会摇绳和尝试独立跳绳。
2. 双人跳。养育者与幼儿面对面站立，由养育者摇绳，带幼儿一起跳绳。

需要注意的是，跳绳游戏旨在让幼儿感受跳绳的乐趣，养育者不必苛求幼儿掌握较多跳绳的动作和技巧，也不必苛求幼儿跳绳的连续性。

模块四　发育迟缓婴幼儿的训练

应用场景

图图在出生时有轻度窒息，并在儿科医院住院治疗了10天。随着图图年龄的增长，他在大运动、精细动作和语言方面都显现出不同程度的发育迟缓。

为了改善图图的发育状况，图图的家人选择了综合性的干预方式。一方面，家人带图图到医院进行专业的康复治疗。另一方面，家人也为其提供了稳定的生活环境，并开展了个性化的训练。这些干预对图图的康复起到了积极的作用。

思考：什么是发育迟缓？如何通过感觉统合训练矫治发育迟缓？

新手指导

一、发育迟缓的定义

发育迟缓是指由各种原因导致的婴幼儿生长发育速度放慢的状况。发育迟缓涉及婴幼儿的生理、心理等多个方面，对其全面发展会产生深远的负面影响。

二、发育迟缓的主要表现

发育迟缓的表现往往是多方面的，但也可能某一方面的问题格外突出。具体来说，发育迟缓主要表现在以下几个方面。

（一）体格发育落后

人从出生到青春期结束，体格发育持续不断，但是人在各个年龄段的生长速度并不相同。体格发育落后是指由各种原因引起的婴幼儿的身高和体重明显落后于同龄婴幼儿。

（二）运动发育落后

运动发育落后是指婴幼儿运动功能发育落后于同龄婴幼儿，主要表现为动作协调性差、反应迟钝、平衡能力差等。

（三）语言发展落后

语言发展落后是指由各种原因引起的婴幼儿语言发展水平明显落后于同龄婴幼儿，主要表现为语言理解及表达能力落后，可以发出音节但不会组词或说不出完整的句子等。

（四）智力发育落后

智力发育落后是指婴幼儿总体智力发育水平明显滞后同龄婴幼儿 4～6 个月。这类婴幼儿可能表现出表情淡漠、缺乏笑容，严重时可能出现流口水的症状，影响其学习能力和生活自理能力的发展。

（五）心理发展落后

人类的心理活动包括认知、情感、意志等。每一种心理活动都有其独特的发展过程。心理发展落后是指婴幼儿的上述心理活动发育异常。这类婴幼儿可能在情感和社交方面表现出更多的幼稚行为，心理成熟程度滞后。

问题聚焦

维维（2 岁）和同龄小朋友相比显得瘦小了一些，走路也不太稳。维维的妈妈担心他存在发育迟缓的情况。但是维维爸爸说：“我们俩都是比较瘦小的身材，维维比其他小朋友瘦一些也是正常的。”婴幼儿体格偏小是否意味着其一定存在发育迟缓的情况？

三、感觉统合训练对发育迟缓的矫治作用

感觉统合训练对发育迟缓的矫治作用主要体现在以下几个方面。

（一）促进大脑发育

感觉统合训练能够刺激发育迟缓婴幼儿大脑的各个功能区，使其大脑能够更好地整合来自不同感觉通道的信息，提升大脑处理感觉信息的能力，从而促进患儿的大脑发育。

（二）提高身体协调能力

发育迟缓婴幼儿的身体协调能力往往比较差。针对前庭觉和本体觉的感觉统合训练可以帮助患儿更好地控制自己的身体，提高动作的准确性和流畅性，并增强身体的稳定性。

（三）改善语言功能

感觉统合训练通过刺激发育迟缓婴幼儿的感官，帮助患儿更好地接收和处理外界信息；通过口腔肌肉训练、呼吸训练等活动，帮助患儿锻炼口腔肌肉，提高发音的清晰度和准确性。这些训练对患儿的语言能力发展都有极大的促进作用。

（四）改善认知功能

感觉统合训练可以改善发育迟缓婴幼儿的认知功能。例如，在训练过程中，患儿长时间地专注于某一项任务或活动，其注意力水平得到提升；患儿通过不断记忆和重复各种动作和指令，其记忆力得到锻炼；患儿通过解决感觉统合训练中的问题和挑战，其思维能力也得到锻炼和提升。

（五）增强自信心和社交能力

在感觉统合训练中，发育迟缓婴幼儿需要在指导者的协助下克服一些困难，实现一些目标。在此过程中，他们的自信心会得到增强。此外，团体活动和合作训练可以帮助患儿与他人和谐相处，改善其社交能力。

四、发育迟缓的相关训练

（一）专业训练

指导者可以借助前述所有的感统训练器材对发育迟缓婴幼儿开展感觉统合训练，还可以开展以下专业训练。

网缆插柱游戏（2～3岁）

训练目标

1. 为发育迟缓幼儿提供前庭觉、触觉和视觉刺激。
2. 提高发育迟缓幼儿的手眼协调能力和注意力。

训练准备

1. 指导者检查网缆（见图 4-17）的安全性，确保其安装牢固。
2. 指导者将插柱教具放置在网缆下方合适位置。

工具栏

图 4-17 网缆

网缆一般是由细绳编织的网状材料或帆布等材料制成，并固定于铁架上。网缆的安装方式类似于吊床，但更加灵活多变。

训练过程

1. 指导者将网缆展开，让幼儿俯卧在网缆中，然后轻轻摇晃或旋转网缆，使其适应网缆的晃动。

2. 指导者引导幼儿俯卧在网缆中，在网缆静止的状态下，让幼儿拿起小木棍，并将小木棍插入教具的圆孔中（见图 4-18）。

图 4-18 网缆插柱游戏

3. 指导者引导幼儿俯卧在网缆中，然后轻轻摇晃网缆，在网缆晃动的状态下，让幼儿拿起小木棍，并将小木棍插入教具的圆孔中。

4. 指导者引导幼儿俯卧在网缆中，然后轻轻摇晃网缆，在网缆晃动的状态下，让幼儿拿起小木棍，将小木棍按照顺序（如从左到右）插入教具的圆孔中。

训练延伸

指导者还可以让幼儿做立位网缆游戏，即让幼儿站在网缆上，双手抓住网缆上面的绳索，指导者轻轻摇晃或旋转网缆，以训练幼儿身体的平衡能力和协调能力。

跳袋游戏（2～3岁）

扫一扫

跳袋游戏

训练目标

1. 为发育迟缓幼儿提供前庭觉和触觉刺激。
2. 增强发育迟缓幼儿身体的平衡能力和协调能力。

训练准备

指导者准备跳袋（见图4-19）。

工具栏

图4-19　跳袋

跳袋是由高密度加厚牛津布等耐磨材料制成的，以支撑婴幼儿的体重和跳跃动作。婴幼儿感觉统合训练使用的跳袋宽度约为50 cm，高度约为58 cm。

训练过程

1. 袋鼠跳。指导者引导幼儿双脚踏进跳袋里，提拉跳袋边缘（或把手）至腰部，然后像袋鼠一样向前跳跃。

2. 障碍跳。指导者可设置一系列低矮的障碍，然后让幼儿踏进跳袋，并以袋鼠跳的方式通过这些障碍。

3. 音乐律动。指导者可播放欢快的音乐，然后让幼儿踏进跳袋，随着音乐的节奏，以不同的方式跳跃，如高跳、低跳、左右摇摆跳等。

训练延伸

指导者可以设定起点和终点，让多名幼儿以袋鼠跳的方式进行跳跃比赛，先到终点的幼儿获胜。

（二）家庭训练

对于发育迟缓婴幼儿，养育者可以通过一系列日常训练促进其以下几个方面的发展。

（1）运动能力。养育者应按照婴幼儿动作发展规律对患儿开展运动能力方面的训练，如头部控制训练、翻身训练、坐位训练、爬行训练、站立训练和行走训练等。

（2）感知觉能力。养育者应多带患儿到大自然中体验丰富的色彩、声音、气味刺激，引导其观察大自然。例如，养育者带患儿观察动植物、观察气候和四季变化等。

（3）认知能力。养育者应利用日常生活中的物品和场景教患儿认识简单的形状、颜色等。

（4）语言能力。养育者应经常使用简单的词汇和句子与患儿沟通，鼓励其模仿成人发音和表达，逐渐扩展其词汇量。

（5）自理能力。养育者应教会患儿基本的生活技能，如吃饭、喝水、穿脱衣服、上厕所、系鞋带等，逐步培养其自理能力。

（6）社交能力。养育者要经常给予患儿拥抱、抚摸，以表达关爱和信任。当患儿产生恐惧、沮丧等情绪时，养育者要予以适当的安慰。养育者也要鼓励患儿与同龄婴幼儿互动和交流，并通过游戏、分享等方式培养其社交技能。

养育者还可以在家中开展以下训练。

卷寿司（6月龄～3岁）

训练目标

1. 为发育迟缓婴幼儿提供前庭觉和触觉刺激。
2. 营造轻松愉悦的氛围，缓解发育迟缓婴幼儿紧张的情绪。

训练准备

养育者准备一条柔软的浴巾（大毛巾）。

训练过程

1. 养育者在一个宽敞、平坦且安全的场地上平铺事先准备好的浴巾，并告诉婴幼儿："接下来，我们要卷寿司喽！"
2. 养育者让婴幼儿平躺在浴巾上，轻轻推动其身体，使其感受身体在滚动过程中的变化。
3. 养育者慢慢将婴幼儿连同浴巾一起卷起来，形成类似寿司的形状。养育者可以边卷边与婴幼儿互动，增加游戏的趣味性。
4. 当婴幼儿被卷起来后，养育者可以用双手轻轻拍打或按压婴幼儿的身体，并说："滚一滚、压一压，寿司就要做好啦！"

训练延伸

养育者可以经常开展"卷寿司"训练，每次可以用不同的物品包裹婴幼儿，如被单、报纸、塑料布，丰富婴幼儿的触觉体验。

推动玩具（1.5～3岁）

训练目标

1. 锻炼发育迟缓幼儿的手臂力量，提高其身体协调能力。

2. 提高发育迟缓幼儿的空间感和方向感。

训练准备

1. 养育者准备一个可以推动的玩具，如小推车、带杆子的飞机或小鸭子等。

2. 养育者为幼儿布置场地，在场地中间散放几个圆凳作为障碍物（圆凳之间的间距足够幼儿推动玩具通行）。

训练过程

1. 养育者让幼儿在场地中间向前或向后自由推动玩具，并提示幼儿观察玩具的运动轨迹。

2. 养育者让幼儿按照指定线路（如让其依次绕过场地中间的圆凳）推动玩具，并在转弯处，告诉幼儿朝哪个方向转弯。若幼儿转弯的方向错误，养育者应及时纠正，并告诉他正确的方向。

训练延伸

待幼儿熟悉上述操作后，养育者可以逐渐提高训练难度，如增加障碍物的数量、在规定时间内将玩具按照指定线路推到终点等。

学以致用

一、不定项选择题

1. 多动症婴幼儿的主要表现有（　　）。

   A. 在玩耍、看绘本、看电视时不能专心

   B. 易兴奋、爱哭闹、睡眠差、喂食较困难、难以培养排便和睡眠习惯

   C. 不自主地发出清嗓声、吼叫声

   D. 通过一些自我刺激的方式来满足自己的感官需求

2. 下列关于感统训练器材四分之一圆的说法，正确的有（　　）。

   A. 四分之一圆可以根据训练需要，组装成半圆形、圆形和S形

   B. 四分之一圆可以为婴幼儿提供前庭觉刺激

C．四分之一圆不能用来做攀爬训练

D．四分之一圆可以与其他感统训练器材相结合，综合训练幼儿的身体协调能力

3．下列关于孤独症的说法，错误的是（　　）。

A．患儿经常会无目的地反复做出拍手、摇晃或旋转身体等动作

B．大多数患儿的智力水平在正常范围内，少数患儿表现出不同程度的智力障碍

C．养育者应以积极的态度配合治疗，耐心地开展感觉统合训练

D．患儿的社交障碍主要表现为缺乏情感交流、缺乏目光对视、难以适应不同的社会环境、交友困难等

4．感觉统合训练对抽动障碍的矫治作用主要体现在（　　）。

A．促进交流能力发展　　B．提高自控能力

C．缓解抽动症状　　D．促进心理健康

5．发育迟缓的特征主要包括（　　）。

A．体格发育落后　　B．运动发育落后

C．语言发展落后　　D．智力发育落后

二、判断题

1．指导者应按照由少到多、由简单到复杂的原则，合理安排训练内容，并根据多动症婴幼儿的反馈及时调整训练内容和训练进度。（　　）

2．S 形平衡木通常用来模拟自然环境中不平坦的路面，以强化幼儿的平衡能力，促进其前庭觉发展。（　　）

3．指导者在开展针对孤独症婴幼儿的感觉统合训练时，应为其建立规律的生活习惯和固定的作息时间。（　　）

4．当抽动障碍婴幼儿发病时，养育者要强行控制其抽动动作，从而逐步减轻其抽动症状。（　　）

三、案例分析题

2 岁的依依仍然不能顺利地与人进行语言交流，大人说的话她也听不懂，无法完成简单的指令。她对周围的人和事物缺乏兴趣，几乎不和人发生眼神接触，而且常常独自玩耍，对同伴的互动邀请没有反应。此外，依依还总是反复看同一部动画片、吃固定的食物、穿同一件衣服。

依依的家人为了干预她的行为模式，带她到医院就诊。医生让依依尽早接受心理干预，并且让依依的家人在日常生活中通过一些沟通和感觉统合训练逐步改变她的行为模式。

阅读以上材料，并回答问题。

1. 请根据依依的表现，分析其最可能患有哪种病症。

2. 假如你是医生，你会建议依依的家人在家中开展哪些训练。

躬行实践

实践背景

尽早识别特殊婴幼儿，并有针对性地开展感觉统合训练，对抑制其症状发展，促进其身心健康，具有至关重要的作用。为了让更多家长能够了解特殊婴幼儿的主要表现，进而及早干预其发展，金阳光感觉统合训练室计划到社区开展公益宣讲会，科普相关知识。假如你是金阳光感觉统合训练室的老师，请以小组为单位，完成以下宣讲活动。

实践目的

强化学生对特殊婴幼儿感觉统合训练相关知识的理解与掌握，呼吁社会各界关注特殊婴幼儿的成长和发展，并为其提供必要的支持和帮助。

实践准备

1. 学生分成若干小组（3～5人为一组），并选出组长。组长代表金阳光感觉统合训练室与社区负责人沟通相关事宜。

2. 每个小组选择一类特殊婴幼儿的感觉统合训练作为宣讲内容，并搜集相关资料。

实践过程

1. 小组成员合作编写宣讲稿，并分配任务，如制作宣讲视频和PPT、制作宣传页、撰写公众号文章等。

2. 各小组在社区内进行前期宣传，让更多人知道特殊婴幼儿的相关知识，并有意愿参加此次宣讲活动。

3. 各小组代表在宣讲会上展示视频和PPT，老师、其他学生，以及现场观众进行提问或发表意见。

请按要求完成实践，并填写表4-2和表4-3。

表 4-2　小组成员及分工情况

<table>
<tr><td>班级</td><td></td><td>组号</td><td></td><td>指导教师</td><td></td></tr>
<tr><td>小组成员</td><td>姓名</td><td>学号</td><td colspan="3">任务分工</td></tr>
<tr><td>组长</td><td></td><td></td><td colspan="3"></td></tr>
<tr><td rowspan="4">组员</td><td></td><td></td><td colspan="3"></td></tr>
<tr><td></td><td></td><td colspan="3"></td></tr>
<tr><td></td><td></td><td colspan="3"></td></tr>
<tr><td></td><td></td><td colspan="3"></td></tr>
</table>

表 4-3　实践过程记录表

负责人、时间、任务分配	实施步骤
	1. 各小组根据所选内容查找相关资料
	2. 小组成员合作编写宣讲稿
	3. 小组成员分工，分别负责制作宣讲视频、PPT、宣传页，以及撰写公众号文章等
	4. 各小组深入社区发放宣传页
	5. 各小组代表在宣讲会上展示视频和 PPT，并回答老师、其他学生及现场观众提出的问题
	6. 记录实践活动中遇到的问题或心得体会

学习成果评价

请根据学习和实践情况，填写学习成果评价表（见表 4-4）。

表 4-4　学习成果评价表

姓名		班级		日期	
学号			指导教师		
项目名称	特殊婴幼儿的感觉统合训练				
评价维度	一级指标	二级指标	评价标准	分值	评分
知识评价	专业知识	了解特殊婴幼儿的相关知识	能够答对相应的习题，了解多动症、孤独症、抽动障碍、发育迟缓的定义和主要表现	15	
		熟悉感觉统合训练对特殊婴幼儿的矫治作用	能够答对相应的习题，熟悉感觉统合训练能够从哪些方面矫治特殊婴幼儿	10	
		掌握特殊婴幼儿的感觉统合训练方法	能够答对相应的习题，掌握矫治特殊婴幼儿的感觉统合训练方法	15	
能力评价	专业能力	设计具有针对性的训练方案，并指导特殊婴幼儿完成训练	能够根据特殊婴幼儿的表现，初步判断其病症，并开展具有针对性的感觉统合专业训练	10	
		设计简便可行的训练方案，并指导特殊婴幼儿完成训练	能够利用生活中常见物品，开展针对特殊婴幼儿的感觉统合家庭训练	10	
素养评价	综合素质	具有较强的沟通能力	能够与特殊婴幼儿养育者沟通顺畅，并与其建立深入联系	10	
实践评价	小组实践成果	小组成员合作编写宣讲稿，并通过各种渠道宣传特殊婴幼儿感觉统合训练的相关知识	小组成员分工明确，计划翔实，时间安排合理，宣讲会取得预期效果	15	
	个人实践成果	撰写心得体会	心得体会真实可信，内容深刻	15	
总分				100	

附录　婴幼儿动作发展

月龄	大运动发展	精细动作发展
1 月龄	（1）握住婴儿双肩，将婴儿拉坐起来，婴儿的头可竖直保持 2 s 及以上 （2）婴儿俯卧，双臂屈肘支撑，头部有试图抬起的动作	（1）触碰婴儿手掌，婴儿会紧握拳头 （2）婴儿的手在自然状态下拇指内收不达掌心
2 月龄	（1）将婴儿拉坐起来，婴儿的头可竖直保持 5 s 及以上 （2）婴儿俯卧，双臂屈肘支撑，可自行将头抬离床面保持 2 s 及以上	（1）将玩具放在婴儿手中，婴儿能握住不松手 2 s 及以上 （2）婴儿双手握拳稍紧，拇指稍内收，但经轻叩即可分开
3 月龄	（1）竖抱婴儿，婴儿的头可竖直保持 10 s 及以上 （2）婴儿俯卧，双臂屈肘支撑，可自行将头抬离床面，面部与床面成 45° 角，保持 5 s 及以上	（1）婴儿能握住玩具 30 s 及以上 （2）婴儿能将两手搭在一起保持 3～4 s
4 月龄	（1）扶婴儿腋下，使其站立后虚扶，婴儿的双腿可支撑大部分体重站 2 s 及以上 （2）婴儿俯卧，双臂屈肘支撑，可自行将头抬离床面，面部与床面成 90° 角，保持 5 s 及以上	（1）将玩具放在婴儿手中，婴儿能注视玩具，并摇动数下 （2）将玩具放在婴儿双手可及的范围内，婴儿有试图抓取玩具的动作
5 月龄	（1）婴儿仰卧，轻拉其腕部即可坐起，在此过程中，婴儿能主动用力，无头颈后仰现象 （2）婴儿能独坐 5 s 及以上，头身可向前倾	（1）婴儿可用一手或双手抓住距离手掌一侧约 2.5 cm 的玩具 （2）婴儿会自发地将双手抱到一起玩
6 月龄	（1）婴儿可从仰卧位自行翻到俯卧位 （2）婴儿经示范后会拍打桌子	（1）婴儿能用双手反复揉搓纸张，或将纸撕破 （2）婴儿会伸手触碰并抓握桌上的积木
7 月龄	（1）扶婴儿腋下，使其双脚悬空 20～30 cm，随后放下，婴儿能全脚掌着地 （2）婴儿独坐时直背，无须用手支撑床面，保持 1 min 及以上	（1）婴儿能将所有手指弯曲做搔抓动作，并成功地用手抓到小丸 （2）婴儿主动伸手去抓桌上的积木，用一只手抓住积木后，又成功地用另一只手抓住第二块积木
8 月龄	（1）婴儿双手扶栏杆，胸部不靠栏杆，可站立 5 s 及以上 （2）婴儿独坐时无须用手支撑，上身可自由转动取物，或被侧推后能保持平衡不倒	（1）婴儿能用拇指和其他手指捏起小丸 （2）婴儿将前两块积木抓在手中后，有试图抓第三块积木的表现，但不一定能抓到
9 月龄	（1）牵婴儿双手，婴儿能较协调地移动双腿，向前行走 3 步及以上 （2）婴儿能将腹部抬离床面，膝手支撑向前爬行	（1）婴儿能用拇指和食指捏起小丸 （2）婴儿能自行将积木从杯中取出，而非倒出

续表

月龄	大运动发展	精细动作发展
10 月龄	(1) 从背后扶婴儿腋下，将其抱起做快速俯冲动作，婴儿出现双手张开、向前伸臂等类似保护自己的动作 (2) 婴儿能较协调地从俯卧位坐起，并坐稳	婴儿会用拇指、食指的指端熟练且迅速地捏起小丸
11 月龄	(1) 婴儿能独自站立 2 s 及以上 (2) 婴儿能一手扶栏杆蹲下，用另一只手捡玩具，再站起来	婴儿能有意识地将积木放入杯中，并松开手
12 月龄	(1) 婴儿能独自站立 10 s 及以上，身体可轻微晃动 (2) 牵婴儿一只手，婴儿可自己迈步，能协调地移动双腿，向前行走 3 步及以上	(1) 婴儿能握笔并在纸上留下痕迹 (2) 婴儿试图将小丸投入瓶内（瓶口内径为 3 cm），但不一定成功
13～15 月龄	幼儿行走自如，不左右摇摆，会控制步速，不惯性前冲	(1) 幼儿能自发用笔在纸上乱画 (2) 幼儿能从瓶中拿到小丸
16～18 月龄	幼儿能举手过肩扔球，方向不限	幼儿能模仿在纸上画画，起止自如，方向不限
19～21 月龄	(1) 幼儿能用脚尖连续行走 3 步及以上，脚跟不着地 (2) 幼儿能扶扶手，熟练地上楼梯 3 阶及以上	(1) 幼儿能将水晶线穿过直径为 5 mm 的扣眼 (2) 幼儿能双手配合地将拉链的锁头来回移动，移动距离超过全拉链的一半
22～24 月龄	幼儿能双脚同时跳离地面 2 次及以上	幼儿能将水晶线穿过扣眼，并能将线拉出
25～27 月龄	(1) 幼儿能不扶扶手，稳定地上楼梯 3 阶及以上 (2) 幼儿能不扶扶手，稳定地下楼梯 3 阶及以上	(1) 幼儿能模仿画竖线，所画竖线的长度大于 2.5 cm，与垂直线的夹角小于 30° (2) 幼儿能将拉链的锁头部分或全部插入锁孔
28～30 月龄	幼儿能不扶任何物体，单脚站立 2 s 及以上	(1) 幼儿能较熟练地将水晶线穿过 3 个及以上的扣眼，并能将线拉出 (2) 幼儿能用积木搭出有孔的桥
31～33 月龄	幼儿能双脚同时离地，做立定跳远	(1) 幼儿能模仿画圆，所画圆为闭合图形，且没有明显棱角 (2) 幼儿能将拉链的锁头全部插入锁孔，并有拉拉链的意识
34～36 月龄	幼儿可双脚交替跳起，双脚离地 5 cm	(1) 幼儿能模仿画两条直线相交成角，且直线线条较连续 (2) 幼儿能双手配合将螺丝、螺母组装起来

资料来源：中华人民共和国国家卫生和计划生育委员会（现国家卫生健康委员会），《0 岁～6 岁儿童发育行为评估量表》（WS/T 580—2017），2017 年 10 月 12 日发布，2018 年 4 月 1 日实施。

参考文献

[1] 李娟. 儿童感觉统合训练［M］. 北京：中国妇女出版社，2016.

[2] 于帆. 0～6岁，儿童感觉统合训练［M］. 北京：中国纺织出版社，2019.

[3] 张楠. 婴幼儿感觉统合教育实操教程［M］. 上海：复旦大学出版社，2020.

[4] 杨子. 全彩图解感觉统合训练·互动游戏［M］. 北京：航空工业出版社，2021.

[5] 杨子. 全彩图解感觉统合训练·认知训练［M］. 北京：航空工业出版社，2021.

[6] 克雨彤. 图解儿童感觉统合训练·家庭篇［M］. 北京：航空工业出版社，2022.

[7] 克雨彤. 图解儿童感觉统合训练·理论篇［M］. 北京：航空工业出版社，2022.

[8] 杨霞. 儿童感觉统合训练手册［M］. 北京：北京联合出版公司，2022.